装饰装修工程施工安全技术与管理

王剑锋　王凌华　主编

中国建材工业出版社

图书在版编目(CIP)数据

装饰装修工程施工安全技术与管理/王剑锋，王凌华主编. —北京：中国建材工业出版社，2017.11（2023.2重印）

ISBN 978-7-5160-1979-5

Ⅰ.①装… Ⅱ.①王… ②王… Ⅲ.①建筑装饰-工程装修-安全管理 Ⅳ.①TU767

中国版本图书馆 CIP 数据核字（2017）第 190741 号

内 容 简 介

本书重点阐述装饰装修施工现场常用的安全生产技术和知识，内容包括安全生产管理，重大危险源及其管理，生产安全事故管理，施工准备工作中的安全要点，脚手架工程施工安全技术，高处作业安全技术，起重机械及吊装作业安全技术，施工机具安全技术，拆除工程施工安全技术，施工用电安全技术，特殊作业人员管理，抹灰、涂饰及玻璃工程施工安全技术，季节、夜间及台风期间的安全施工措施，施工现场防火安全管理，现场急救安全知识，施工现场文明施工和环境卫生。

本书可供建筑装饰装修工程专职安全生产管理人员（安全员）使用，亦可作为相关专业院校的教材用书。

装饰装修工程施工安全技术与管理

王剑锋　王凌华　主编

出版发行：中国建材工业出版社

地　　址：北京市海淀区三里河路 11 号

邮　　编：100831

经　　销：全国各地新华书店

印　　刷：北京雁林吉兆印刷有限公司

开　　本：787mm×1092mm　1/16

印　　张：9.25

字　　数：220 千字

版　　次：2017 年 11 月第 1 版

印　　次：2023 年 2 月第 2 次

定　　价：38.00 元

本社网址：www.jccbs.com　本社微信公众号：zgjcgycbs

本书如出现印装质量问题，由我社市场营销部负责调换。联系电话：（010）57811387

本 书 编 委 会

主编单位：浙江亚厦装饰股份有限公司

参编单位：杭州名风装饰工程有限公司

　　　　　义乌润都建设有限公司

主　　审：何静姿

主　　编：王剑锋　　王凌华

副 主 编：王景升　　徐　英　　陈安东　　王云江

参编人员：王海丹　　毛建光　　刘国军　　刘晓燕　　安浩亮

　　　　　许炳峰　　余贞海　　沈　旋　　张　杰　　张应吾

　　　　　陈肖霞　　林　彦　　季颖俐　　赵梦狄　　娄雯雯

　　　　　徐　宏　　徐熔金　　郭跃骅　　黄允洪　　楼忠良

　　　　　訾晓光　　虞晓磊　　解大伟　　潘玲玲　　薛小兰

前　言

　　安全是人类最重要和最基本的需求，安全生产既是人们生命健康的保证，也是企业生存与发展的基础，抓好安全工作是保证装饰装修工程施工质量、施工工期和发挥投资效益的基础。

　　装饰装修工程安全管理人员和操作人员必须牢固树立"安全第一、预防为主、综合治理"的思想，并始终贯穿于工程项目施工的全过程。

　　"安全第一、预防为主、综合治理"是我国安全生产的管理方针。"安全第一"是方针的基础，体现了以人为本的重要思想，把人身安全放在第一位。"预防为主"是方针的核心，应事前做好安全工作，防患于未然，是实施安全生产的根本。"综合治理"是保证"安全第一、预防为主"的安全管理目的实现的重要手段。

　　本书是为了适应当前装饰装修工程施工安全管理的需要编写而成，重点阐述装饰装修施工现场常用的安全生产技术和知识，全书内容丰富、系统完整，具有实用性和可操作性。

　　本书可作为装饰装修工程施工企业员工的培训学习资料，也可作为各类院校装饰装修工程类专业学生的教材用书。

　　对于本书中的疏漏和不妥之处，敬请读者不吝指正。

编　者

2017 年 9 月

目　　录

1 安全生产管理

1.1 安全生产管理

1.1.1 安全生产与安全生产管理

安全生产是指使生产过程在符合物资条件和工作秩序下进行，防止发生人身伤亡和财产损失等生产事故，消除或控制危险有害因素，保障人身安全与健康，设备和设施免受损坏，环境免遭破坏的总称。

安全生产管理是指对人们生产过程的安全问题，运用有效的资源，发挥人们的智慧，通过人们的努力，进行有关策划、计划、组织、指挥、控制和协调等活动，实现生产过程中人与机械设备、物料、环境的和谐，达到安全生产的目标。安全生产管理的目标是减少和控制危害、事故、尽量避免生产中由于事故所造成的人身伤害、财产损失、环境污染及其他损失。

1.1.2 安全生产原则

1. "管生产必须管安全"原则

"管生产必须管安全"原则是指工程项目各级领导和全体员工在生产过程中必须坚持在抓生产的同时抓好安全工作。它体现了安全和生产的统一，生产和安全是一个有机整体，两者不能分割更不能对立起来，应将安全寓于生产之中。

2. "安全具有否决权"原则

"安全具有否决权"原则是指安全生产工作是衡量工程项目管理的一项基本内容，它要求在对工程项目各项指标考核、评优创先时，首先必须考虑安全指标的完成情况。安全指标没有完成，其他指标顺利完成，仍无法实现工程项目的最优化，安全具有一票否决的作用。

3. 职业安全卫生"三同时"原则

职业安全卫生"三同时"原则是指一切生产性的基本建设和技术改造工程项目，必须符合国家的职业安全卫生方面的法规和标准，职业安全卫生技术措施及设施应与主体工程同时设计、同时施工、同时投产使用，以确保工程项目投产后符合职业安全卫生要求。

4. 事故处理"四不放过"原则

国家法律、法规要求，在处理事故时必须坚持和实施"四不放过"原则，即：事故原因未查清不放过；事故责任者和职工群众没受到教育不放过；安全隐患没有整改预防措施不放过；事故责任者不处理不放过。

1.1.3 装饰工程施工安全管理的主要要素

装饰工程施工安全管理的主要要素是安全生产方针、安全目标、安全计划、安全组织、施工过程控制、安全检查和审核等。

1. 安全生产方针

安全生产方针，也称为安全生产政策，是每个施工企业首先必须明确的安全管理要素。施工企业的安全生产方针必须满足国家现行安全生产、建设工程安全生产法律、法规的规定，最大限度地满足建设单位（或业主）、员工、相关方及社会的要求，必须有效并有明确的目标。

2. 安全目标

安全目标是建设工程施工安全管理的核心要素，应体现安全生产方针。安全目标的建立应注意的因素是：安全目标应由施工单位项目经理部制定并实施；安全目标应可测量考核；安全目标应合理；安全目标应自上而下层层分解，落实到每个部门、每个人员；确定为实现安全目标的时间表等。

3. 安全计划

安全计划是规范施工单位安全活动的指导性文件和具体行动计划，其目的是防止和减少施工现场施工生产过程中安全事故的发生，从而防止和减少人身伤亡或财产损失。

4. 安全组织

安全组织是指安全管理组织机构和职责权限。建设工程施工安全管理必须建立安全管理组织机构、合理的职责分工和权限。施工现场应建立以施工单位项目经理为安全生产第一责任人的安全生产管理领导小组，建立安全生产管理机构和配备专职安全生产管理人员，落实安全生产职责与权限。

5. 施工过程控制

施工过程控制是指为了实现安全目标，实施安全计划的规定和控制措施，对施工过程中可能影响安全生产的要素进行控制，确保施工现场人员、设备、设施等处于安全受控状态。

6. 安全检查

安全检查是指施工单位对施工过程、行为及设施等进行检查，以确保符合安全要求，并对检查的情况进行记录。

7. 审核

审核是指施工单位对施工现场项目经理部的安全活动是否符合安全管理体系的要求进行的内部审核，以确定安全管理体系运行的有效性，从而总结经验和教训，不断持续改进安全管理体系的业绩。

1.1.4　安全的内容与安全主要的措施

安全的内容主要包括人身安全、健康安全和财产安全。

安全法规、安全技术和工业卫生是安全控制的三大主要措施。职业安全健康方针、组织、计划与实施评价、改进是职业安全健康管理体系的核心要素，要坚持持续改进。该体系是实现安全目标的基本保证。

安全法规又称为劳动保护法规，是采用立法的手段制定保护职工安全的政策、规程、条例、制度。

安全技术指在施工过程中为防止和消除伤亡事故或减轻繁重劳动所采取的措施。

工业卫生是在施工过程中为防止高温、严寒、粉尘、噪声、振动、毒气、废液、污染等对劳动者身体健康的危害采取的防护和医疗措施。

上述三大主要措施与控制对象和控制内容的关系是：安全法规侧重于对劳动者的管理，约束劳动者的不安全行为，因此，其主要控制内容是：安全生产责任制，安全教育，安全事故的调查与处理。安全技术侧重于劳动对象和劳动手段的管理，消除、减弱物的不安全状态，其主要控制内容是安全检查和安全技术管理。工业卫生侧重于环境的管理，以形成良好的劳动条件，主要控制内容也是安全检查和安全技术管理。

1.1.5 质量、进度、成本与安全的关系

装饰工程施工的质量、进度、成本与安全是密切相关、互相制约又相辅相成并有机地联系在一起的系统工程的关键要素。

必须明确：施工项目的质量与安全是工程建设的核心，是决定工程建设成败的关键。"生产必须安全，安全为了生产"。"安全第一"与"质量第一"并不矛盾，而是辩证的统一。安全是为质量服务的，质量也需要以安全做保证，安全是质量的特点之一，抓住安全与质量这两个环节，工程施工就能顺利进行，就能获得良好的社会效益、经济效益和环境效益。施工进度的实现，必须以安全为保证，这是显而易见的，为实现施工进度而不断发生安全事故，施工进度当然无法实现。投资和成本与安全亦是息息相关，如果施工中经常出安全事故，则进度、质量均受影响，投资效益受损，成本就要增加。

总之，安全生产是党和国家的一贯方针和基本国策，它保护劳动者的安全和健康及国家财产不受侵害，使工程建设顺利进行，它是促进社会生产力发展的基本条件。

1.1.6 安全生产的基本要求

在施工中要以安全生产为方针，以"安全第一、预防为主、综合治理"和坚持"管生产必须管安全"为基本原则。"安全第一"体现了以人为本的重要思想，把人身安全放在第一位。"预防为主"是事前做好安全工作，防患于未然。"综合治理"是保证"安全第一、预防为主"的安全管理目的实现的重要手段。依靠科学管理和技术进步，推动安全生产工作的开展，控制人身伤亡事故的发生，保障国家财产的安全。以国家颁布的各项政策和安全法规、规程及其他相关的标准、规范等为依据，结合工程的实际情况建立和健全安全健康管理体系，制定各项可操作性强且行之有效的规章制度，以确保施工顺利进行和生产安全。

1.1.7 安全检查

安全检查是发现不安全行为和不安全状态的重要途径，是消除事故隐患、落实整改措施、防止事故发生、改善劳动条件的重要方法。

安全检查的形式可分为日常性检查、专业性检查、季节性检查、节假日前后的检查和不定期的特种检查。

1. 安全检查的内容

安全检查的内容主要是查思想、查管理、查制度、查现场、查隐患、查事故处理。

1）施工项目的安全检查以自检形式为主，是对从项目经理至操作人员、生产全部过程、各个方位的全面安全状况的检查。检查的重点以劳动条件、生产设备、现场管理、安全卫生设施以及生产人员的行为为主。发现危及人的安全因素时，必须果断地消除。

2）各级生产组织者，应在全面安全检查中，透过作业环境状态和隐患，对照安全生产方针、政策，检查对安全生产认识的差距。

3）对安全管理的检查，主要是：

（1）安全生产是否提到议事日程上，各级安全责任人是否坚持"五同时"。

（2）业务职能部门、人员，是否在各自业务范围内，落实了安全生产责任。专职安全人员是否在位、在岗。

（3）安全教育是否落实，教育是否到位。

（4）工程技术、安全技术是否结合为统一体。

（5）作业标准化实施情况。

（6）安全控制措施是否有力，控制是否到位，有哪些消除管理差距的措施。

（7）事故处理是否符合规则，是否坚持"四不放过"的原则。

2. 安全检查的组织

（1）建立安全检查制度、按制度要求的规模、时间、原则、处理、报告全面落实。

（2）成立由第一责任人为首，业务部门、人员参加的安全检查组织。

（3）安全检查必须做到有计划、有目的、有准备、有整改、有总结、有处理。

3. 安全检查的准备

（1）思想准备。发动全员开展自检，自检与制度检查结合，形成自检自改，边检边改的局面。使全员在发现危险因素方面得到提高，在消除危险因素中受到教育，从安全检查中受到锻炼。

（2）业务准备。确定安全检查目的、步骤、方法，成立检查组，安排检查日程。分析事故资料，确定检查重点，把精力侧重于事故多发部位和工种的检查。规范检查记录用表，使安全检查逐步纳入科学化、规范化轨道。

4. 安全检查的方法

常用的有一般检查方法和安全检查表法。

（1）一般检查方法。常采用看、听、嗅、问、测、验、析等方法。

看：看现场环境和作业条件，看实物和实际操作，看记录和资料等。

听：听汇报、听介绍、听反映、听意见或批评、听机械设备的运转响声或承重物发出的微弱声等。

嗅：对挥发物、腐蚀物、有毒气体进行辨别。

问：对影响安全问题，要详细询问、寻根究底。

查：查明问题、查对数据、查清原因，追查责任。

测：测量、测试、监测。

验：进行必要的试验或化验。

析：分析安全事故的隐患、原因。

（2）安全检查表法。是一种初步的定性分析方法，它通过事先拟定的安全检查明细表或清单，对安全生产进行初步的诊断和控制。

安全检查表通常包括检查项目、内容、回答问题、存在问题、改进措施、检查措施、检查人等内容。

5. 安全检查的形式

（1）定期安全检查。指列入安全管理活动计划，有较一致时间间隔的安全检查，定期安全检查的周期，施工项目自检宜控制在 10～15 天。班组必须坚持日检；季节性、专业性安全检查，按规定要求确定日程。

（2）突击性安全检查。指无固定检查周期，对特别部门、特殊设备、小区域的安全检查，属于突击性安全检查。

（3）特殊安全检查。对预料中可能会带来危险因素的新安装设备、新采用的工艺、新建或改建的工程项目，投入使用前，以"发现"危险因素为专题的安全检查，叫特殊安全检查。特殊安全检查还包括对有特殊安全要求的手持电动工具、电气、照明设备、通风设备、有毒有害物的储运设备进行的安全检查。

6. 消除危险因素的关键

安全检查的目的是发现、处理、消除危险因素，避免事故发生，实现安全生产。消除危险因素的关键环节，在于认真地整改，真正地、确确实实地把危险因素消除。对于一些由于种种原因而一时不能消除的危险因素，应逐项分析，寻求解决办法，安排整改计划，尽快予以消除。

安全检查后的整改，必须坚持"三定"和"不推不拖"安全原则。"三定"即定具体整改责任人，定解决与改正的具体措施，定消除危险因素的整改时间。在解决具体的危险因素时，凡借用自己的力量能够解决的，不推脱、不等不靠，坚决地组织整改。不把整改的责任推给上级，也不拖延整改时间，以尽量快的速度，消除危险因素。

1.1.8 作业标准化

在操作者的不安全行为中，因不懂得正确的操作方法，为干得快而忽略了必要的操作步骤、坚持自己的操作习惯等原因所占比例很大。按科学的作业标准规范操作者的行为，有利于控制不安全行为，减少人为失误。

1. 制定作业标准是实施作业标准化的首要条件

（1）采取技术人员、管理人员、操作者三结合的方式，根据操作的具体条件制定作业标准。坚持反复实践、反复修订后加以确定的原则。

（2）作业标准要明确规定操作程序、步骤。怎样操作、操作质量标准、操作的阶段目的、完成操作后物的状态等都要做出具体规定。

（3）尽量使操作简单化、专业化，尽量减少使用工具、夹具次数，使作业尽量标准化，减轻操作者的精神负担。

（4）作业标准必须符合生产和作业环境的实际情况，不能把作业标准通用化。不同作业条件的作业标准应有所区别。

2. 作业标准必须考虑到人的身体运动特点和规律，作业场地布置、使用工具设备、操作幅度等应符合人机学的要求

1）人的身体运动时，尽量避开不自然的姿势和重心的经常移动，动作要有连贯性、自然节奏强。如：不出现运动方向的急剧变化；动作不受限制；尽量减少用手和眼的操作次数；肢体动作尽量小。

2）作业场地布置必须考虑行进道路、照明、通风的合理分配，机、料具位置固定，作业方便。要求：

（1）人力移动物体尽量限于水平移动。

（2）把机械的操作部分安排在正常操作范围之内，防止增加操作者的精神和体力的负担。

（3）尽量利用重力作用移动物体。

（4）操作台、座椅的高度应与操作要求、人的身体条件匹配。

3）使用工具与设备。

（1）尽可能使用专用工具代替徒手操作。

（2）操纵操作杆或把手时，尽量使人身体不必过大移动，与手的接触面积以适合手握时的自然状态为宜。

3. 反复训练，达标报告

（1）训练要讲求方法和程序，宜以讲解示范为先，符合重点突出、交代透彻的要求。

（2）边训练边作业，巡检纠正偏向。

（3）先达标、先评价、先报告，不强求一致。多次纠正偏向，仍不能克服习惯操作、操作不标准的，不得上岗。

1.1.9　生产技术与安全技术的统一

生产技术工作是通过完善生产工艺过程、完备生产设备、规范工艺操作、发挥技术的作用来保证生产顺利进行的。它包含了安全技术在保证生产顺利时进行的全部职能和作用。两者的实施目标虽各有侧重，但工作目的完全统一在保证生产顺利进行、实现效益这一共同的基点上。生产技术与安全技术的统一，是安全生产责任制的具体体现，落实了"管生产同时管安全"的管理原则。具体表现在：

1）施工生产进行之前，考虑产品的特点、规模、质量、生产环境、自然条件等，摸清生产人员流动规律、能源供给状况、机械设备的配置条件、需要的临时设施规模、物料供应与储运运输等条件，完成生产要素的合理匹配计算及施工设计和现场布置。

施工设计和现场布置，经过审查、批准，即成为施工现场中生产要素流动与动态控制的唯一依据。

2）施工项目中的分部、分项工程在施工前应针对工程具体情况与生产要素的流动特点完成作业或操作方案，为分部、分项工程的实施提供具体的作业或操作规范。方案完成后，为使操作人员充分理解方案的全部内容、减少实际操作中的失误、避免操作时的事故伤害，要把方案的设计思想、内容与要求向作业人员进行充分的交底。

交底即是安全知识教育的过程，同时也确定了安全技能训练的时机和目标。

3）从控制人的不安全行为、物的不安全状态，预防伤害事故及保证生产工艺过程顺利实施去认识，生产技术工作中应纳入如下的安全管理职责：

（1）进行安全知识、安全技能的教育，规范人的行为，使操作者获得完善的、自动化的操作行为，减少操作中的人为失误。

（2）参加安全检查和事故调查，从中充分了解生产过程中物的不安全状态存在的环节和部位、发生与发展、危害性质与程度、摸索控制物的不安全状态的规律和方法，提高对物的不安全状态的控制能力。

（3）严把设备、设施用前验收关，不使有危险状态的设备、设施盲目投入运行，预防人、机运动轨迹交叉而发生的伤害事故。

1.2　施工现场安全员职责

1.2.1　基本要求

（1）装饰装修工程施工现场安全员应具有中等职业（高中）教育及以上学历，并具有一定的实际工作经验，身心健康。

（2）具有必要的表达、计算、计算机应用能力。

（3）具有社会责任感和良好的职业操守，诚实可信，严谨务实，爱岗敬业，团结协作；自觉遵守相关法律法规、标准和管理规定。

（4）树立"安全第一、预防为主、综合治理"的安全管理理念，坚持安全生产、文明施工；具有节约资源、保护环境的意识。

（5）具有不断学习新知识、掌握新技能的思想和精神。

1.2.2　安全员的主要职责

1．项目安全策划

（1）参与制定施工项目安全生产管理计划。

施工项目安全生产管理计划应由施工单位组织编制，具体由项目经理负责，安全员参与。施工项目安全生产管理计划包括安全控制目标、控制程序、组织结构、职责权限、规章制度、资源配置、安全措施、检查评价和奖惩制度以及对分包的安全管理；复杂或专业性项目的总体安全措施、单位工程安全措施及分部分项工程安全措施；非常规作业的单项安全技术措施和预防措施等。

（2）参与建立安全生产责任制度。

安全生产责任制度应由施工单位组织编制，具体由项目经理负责，安全员参与。

（3）参与制定施工现场安全事故应急救援预案。

施工现场安全事故应急救援预案，应包括建立应急救援组织，配备必要的应急救援器材、设备，其编制由施工单位组织，项目经理负责，安全员参与。

2．资源环境安全检查

（1）参与开工前安全条件检查。

开工前安全条件审查是建设行政主管部门负责的工作，现场监理人员和现场安全员主要参与现场安全防护、消防、围挡、职工生活设施、施工材料、施工机具、施工设备安装、作业人员许可证、作业人员保险手续、项目安全教育计划、现场地下管线资料、文明施工设施等项目的检查。

（2）参与施工机械、临时用电、消防设施等安全检查。

（3）负责防护用品和劳动用品的符合性审查。

施工防护用品和劳保用品的符合性审查是指对于施工防护用品和劳保用品的安全性能是否达到或符合施工安全要求的检查与审验。

（4）负责作业人员的安全教育培训和特种作业人员资格审查。

3．作业安全管理

（1）参与编制危险性较大的分部、分项工程专项施工方案。

在作业安全管理中。危险性较大的分部、分项工程专项施工方案由总承包单位或专业承包单位组织编制，因方案涉及施工安全保证措施，安全员应参与专项施工方案的编制与审核。

（2）参与施工安全技术交底。

安全技术交底是由项目技术负责人负责实施。安全技术交底必须包括安全技术、安全程序、施工工艺和工种操作等方面内容，交底对象为项目部相关管理人员和施工作业班组长等。对施工作业班组的安全技术交底工作应由施工员负责实施，安全员协助参与。

（3）负责施工作业安全及消防安全的检查和危险源的识别，对违章作业和安全隐患进行处理。

施工作业安全和消防检查包括日常作业安全检查、季节性安全检查、专项安全检查等，检查内容按 JGJ 59—2011《建筑施工安全检查标准》和 GB 50720—2011《建设工程施工现场消防安全技术规范》的要求执行。

（4）参与施工现场环境监督管理。

施工现场环境监督管理是施工生产管理的重要环节，由项目经理负责，主要目标是保持现场良好的作业环境、卫生条件和工作秩序，做到预防污染和预防可能出现的安全隐患，确保项目文明施工；有效实施现场管理，保护地下管线、发现文物古迹或爆炸物时及时报告，切实控制污水、废气、噪声、固体废弃物、建筑垃圾和渣土，正确处理有毒有害物质。这一工作中，安全员参与涉及安全施工和环境安全的工作，包括污染预防，报告发现的爆炸物，控制污水、废气和噪声，处理有毒有害物质等。同时，对项目现场尚应按照 GB/T 24001—2016《环境管理体系　要求及使用指南》的要求，建立并持续改进环境管理体系，以促进安全生产、文明施工并防止污染环境。

4. 安全事故处理

（1）参与组织安全生产事故应急救援演练。

安全生产事故应急救援演练是项目部根据项目应急救援预案进行的定期专项应急演练，具体由项目经理负责。安全员监督演练的定期实施、协助演练的组织工作。当安全生产事故发生后，项目经理负责组织、指挥救援工作，安全员参与组织救援。

（2）参与安全事故的调查、分析。

安全生产事故发生后，施工单位要及时向上级和相关部门如实报告，同时积极采取措施进行抢救、防止事故扩大、保护事故现场。安全生产事故主要由政府组织调查，项目部协助调查，安全员的职责是协助调查人员对安全事故的调查、分析。

5. 安全资料管理

（1）负责安全生产的记录、安全资料的编制。

（2）负责安全资料汇总、整理、移交工作。

1.2.3　安全员应具备的专业技能

1. 项目安全策划

（1）能够参与编制项目安全生产管理计划。

（2）能够参与编制安全生产事故应急救援预案。

2. 资源环境安全检查

（1）能够对施工机械、临时用电、消防设施进行安全检查，对防护用品与劳动用品进行符合性审查。

（2）能够组织实施项目作业人员的安全教育培训。

3. 作业安全管理

（1）能够参与编制安全专项施工方案。

（2）能够参与编制安全技术交底文件，实施安全技术交底。

（3）能够识别施工现场危险源，并对安全隐患和违章作业提出处置建议。

（4）能够参与文明工地、绿色施工管理。

4. 安全生产事故处理

能够参与安全生产事故的救援处理、调查分析。

5. 安全资料管理

能够编制、收集、整理施工安全文字和影像资料。

1.2.4　安全员应具备的专业知识

1. 通用知识

（1）熟悉国家工程建设相关法律法规。

（2）熟悉装饰装修材料的基本知识。

（3）熟悉施工图识图的基本知识。

（4）了解工程施工工艺和方法。

（5）熟悉工程项目管理的基本知识。

2. 基础知识

（1）了解装饰装修工程识图、施工测量的基础知识。

（2）熟悉装饰装修施工的基础知识。

（3）掌握环境与职业健康管理的基础知识。

3. 岗位知识

（1）熟悉与本岗位相关的标准和管理规定。

（2）掌握施工现场安全生产管理知识。

（3）熟悉施工项目安全生产管理计划的内容和编制方法。

（4）熟悉安全专项施工方案的内容和编制方法。

（5）掌握施工现场安全生产事故的防范知识。

（6）掌握安全生产事故救援处理知识。

1.3　安全教育

1.3.1　作业人员应接受的安全教育

1. 安全生产思想教育；

2. 安全知识培训教育；

3. 安全技能培训教育；

4. 典型事故案例教育。

1.3.2　对作业人员的安全教育

作业人员进入新的岗位或者新的施工现场前，以及采用新技术、新工艺、新设备、新材料时，施工单位应当对作业人员进行安全教育。未经安全教育或者安全教育考核不合格的人员，不得上岗作业。

1. 对新工人实行"三级"安全教育

新工人包括新招收的合同工、临时工、学徒工、实习生和代培人员。所谓"三级"，一般是指公司、项目部（或工程处、工区）、班组这三级。公司教育即新工人到公司后由安全技术部门进行安全知识教育后分配到项目部；项目部教育由项目经理或主管安全的负责人负责，再分配到班组；班组教育由班组长或班组安全员负责，进行实际操作安全技术教育。安全教育的主要内容包括：

（1）安全生产的重要意义，国家有关安全生产的法律法规；

（2）施工现场的特点及危险因素；

（3）施工单位的有关规章制度，安全技术操作规程；

（4）机械设备和电器设备安装及高处作业的安全基础知识；

（5）防火、防毒、防尘、防爆知识以及紧急情况安全处置和安全疏散知识；

（6）防护用品的使用知识；

（7）发生安全生产事故时自救、排险、抢救伤员、保护现场和及时报告等。

2. 安全教育的要求

施工单位对作业人员进行安全教育后进行考核，并对教育情况进行登记，建立档案。给每一名作业人员建立劳动保护教育卡，记录三级教育、变换工种等教育考核情况，并由教育者和受教育者双方签字后入册。

1.3.3　对特种作业人员的考核

建筑施工特种作业人员是指在房屋建筑和市政工程施工活动中，从事可能对本人、他人及周围设备设施的安全造成重大危害作业的人员。

1. 建筑施工特种作业人员的分类

（1）建筑电工；

（2）建筑架子工；

（3）建筑起重信号司索工；

（4）建筑起重机械司机；

（5）建筑起重机械安装拆卸工；

（6）高处作业吊篮安装拆卸工；

（7）经省级以上人民政府建设主管部门认定的其他特种作业。

2. 建筑施工特种作业人员的考核

1）申请从事建筑施工特种作业的人员，应当具备下列基本条件：

（1）年满18周岁且符合相关工种规定的年龄要求；

（2）经医院体检合格且无妨碍从事相应特种作业的疾病和生理缺陷；

（3）初中及以上学历；

（4）符合相应特种作业需要的其他条件。

2）建筑施工特种作业人员必须经建设主管部门考核合格，取得建筑施工特种作业人员操作资格证书，方可上岗从事相应作业。考核内容应当包括安全技术理论和实际操作。

3）资格证书有效期为两年。有效期满需要延期，建筑施工特种作业人员应于期满前3个月内向原考核发证机关申请办理延期复核手续。延期复核合格的，资格证书有效期延长两年。

1.4　施工组织设计中的安全专项施工方案

1.4.1　安全专项施工方案

1. 制定安全专项施工方案的工程范围

对于专业性强、危险性大的分部分项工程，应当编制安全专项施工方案，采取相应的安全技术措施，并附具安全验算结果，经施工单位技术负责人、总监理工程师签字盖章，施工现场按审批后的专项施工方案组织实施。

根据《危险性较大的分部分项工程安全管理规定》（住建部〔2018〕37 号令），危险性较大的分部分项工程，是指房屋建筑和市政基础设施工程在施工过程中，容易导致人员群死群伤或者造成重大经济损失的分部分项工程。危险性较大的分部分项工程包括：

（1）基坑工程

① 开挖深度超过 3m（含 3m）的基坑（槽）的土方开挖、支护、降水工程。

② 开挖深度虽未超过 3m，但地质条件、周围环境和地下管线复杂，或影响毗邻建、构筑物安全的基坑（槽）的土方开挖、支护、降水工程。

（2）模板工程及支撑体系

① 各类工具式模板工程：包括滑模、爬模、飞模、隧道模等工程。

② 混凝土模板支撑工程：搭设高度 5m 及以上，或搭设跨度 10m 及以上，或施工总荷载（荷载效应基本组合的设计值）10kN/m^2 及以上，或集中线荷载（设计值）15kN/m 及以上，或高度大于支撑水平投影宽度且相对独立无联系构件的混凝土模板支撑工程。

③ 承重支撑体系：用于钢结构安装等满堂支撑体系。

（3）起重吊装及起重机械安装拆卸工程

① 采用非常规起重设备、方法，且单件起吊重量在 10kN 及以上的起重吊装工程。

② 采用起重机械进行安装的工程。

③ 起重机械安装和拆卸工程。

（4）脚手架工程

① 搭设高度 24m 及以上的落地式钢管脚手架工程（包括采光井、电梯井脚手架）。

② 附着式升降脚手架工程。

③ 悬挑式脚手架工程。

④ 高处作业吊篮。

⑤ 卸料平台、操作平台工程。

⑥ 异型脚手架工程。

（5）拆除工程

可能影响行人、交通、电力设施、通讯设施或其他建、构筑物安全的拆除工程。

（6）暗挖工程

采用矿山法、盾构法、顶管法施工的隧道、洞室工程。

（7）其他

① 建筑幕墙安装工程。

② 钢结构、网架和索膜结构安装工程。

③ 人工挖孔桩工程。

④ 水下作业工程。

⑤ 装配式建筑混凝土预制构件安装工程。

⑥ 采用新技术、新工艺、新材料、新设备可能影响工程施工安全，尚无国家、行业及地方技术标准的分部分项工程。

2. 组织专家组对工程进行论证审查

对于超过一定规模的危险性较大的分部分项工程，不仅要安装上述要求编制专项方案，还应当组织专家组进行论证、审查。这些工程包括：

（1）深基坑工程

开挖深度超过 5m（含 5m）的基坑（槽）的土方开挖、支护、降水工程。

（2）模板工程及支撑体系

① 各类工具式模板工程：包括滑模、爬模、飞模、隧道模等工程。

② 混凝土模板支撑工程：搭设高度 8m 及以上，或搭设跨度 18m 及以上，或施工总荷载（设计值）15kN/m² 及以上，或集中线荷载（设计值）20kN/m 及以上。

③ 承重支撑体系：用于钢结构安装等满堂支撑体系，承受单点集中荷载 7kN 及以上。

（3）起重吊装及起重机械安装拆卸工程

① 采用非常规起重设备、方法，且单件起吊重量在 100kN 及以上的起重吊装工程。

② 起重量 300kN 及以上，或搭设总高度 200m 及以上，或搭设基础标高在 200m 及以上的起重机械安装和拆卸工程。

（4）脚手架工程

① 搭设高度 50m 及以上的落地式钢管脚手架工程。

② 提升高度在 150m 及以上的附着式升降脚手架工程或附着式升降操作平台工程。

③ 分段架体搭设高度 20m 及以上的悬挑式脚手架工程。

（5）拆除工程

① 码头、桥梁、高架、烟囱、水塔或拆除中容易引起有毒有害气（液）体或粉尘扩散、易燃易爆事故发生的特殊建、构筑物的拆除工程。

② 文物保护建筑、优秀历史建筑或历史文化风貌区影响范围内的拆除工程。

（6）暗挖工程

采用矿山法、盾构法、顶管法施工的隧道、洞室工程。

（7）其他

① 施工高度 50m 及以上的建筑幕墙安装工程。

② 跨度 36m 及以上的钢结构安装工程，或跨度 60m 及以上的网架和索膜结构安装工程。

③ 开挖深度 16m 及以上的人工挖孔桩工程。

④ 水下作业工程。

⑤ 重量 1000kN 及以上的大型结构整体顶升、平移、转体等施工工艺。

⑥ 采用新技术、新工艺、新材料、新设备可能影响工程施工安全，尚无国家、行业及地方技术标准的分部分项工程。

1.4.2　安全专项施工方案的主要内容

危险性较大的分部分项工程安全专项施工方案编制应当包括以下内容：

（1）工程概况：危大工程概况和特点、施工平面布置、施工要求和技术保证条件。

（2）编制依据：相关法律、法规、规范性文件、标准、规范及施工图设计文件、施工组织设计等。

（3）施工计划：包括施工进度计划、材料与设备计划。

（4）施工工艺技术：技术参数、工艺流程、施工方法、操作要求、检查要求等。

（5）施工安全保证措施：组织保障措施、技术措施、监测监控措施等。

（6）施工管理及作业人员配备和分工：施工管理人员、专职安全生产管理人员、特种作业人员、其他作业人员等。

（7）验收要求：验收标准、验收程序、验收内容、验收人员等。

（8）应急处置措施。

（9）计算书及相关施工图纸。

1.4.3　安全专项施工方案的实施

（1）施工单位应当严格按照专项方案组织施工，不得擅自修改、调整专项方案。如因设计、结构、外部环境等因素发生变化需修改的，修改后的专项方案应当按原程序重新审核。

对于超过一定规模的危险性较大的分部分项工程专项方案，应当由施工单位组织召开专家论证会。专项方案经论证后，专家组应当提交论证报告，对论证的内容提出明确意见，并在论证报告上签字。施工企业应根据论证报告进行完善，经施工企业技术负责人、项目总监理工程师、建设单位项目负责人签字后方可组织施工。在实施过程中，施工企业应严格按照专项方案组织施工。

（2）专项方案实施前，编制人员或项目技术负责人应当向现场管理人员和作业人员进行安全技术交底。

（3）施工单位应当指定专人对专项方案实施情况进行现场监督和按规定进行监测。发现不按照专项方案施工的，应当要求其立即整改；发现有危及人身安全的紧急情况，应当立即组织作业人员撤离危险区域。施工单位技术负责人应当定期巡查专项方案实施情况。

（4）对于按规定需要验收的危险性较大的分部分项工程，施工单位、监理单位应当组织有关人员进行验收。验收合格的，经施工单位项目技术负责人及项目总监理工程师签字后，方可进入下一道工序。

1.4.4　安全技术交底

1.安全技术交底内容

安全技术交底要按照各工种、各分部分项工程，采用新技术、新工艺、新材料等不同情况详细交底，具体内容是：

（1）工程概况、施工程序、施工方法、作业特点；

（2）施工危险点、具体预防措施、安全注意事项；

（3）相应安全技术措施、安全操作规程和标准；

（4）安全事故紧急救援措施。

2.安全技术交底要求

（1）安全技术交底应在正式作业前进行；

（2）项目部必须实行逐级安全技术交底制度，应将工程概况、施工方法、施工程序、安全技术措施等向工长、班组长纵向延伸到班组全体人员进行详细交底；

（3）安全技术交底必须具体、明确、针对性强；

（4）安全技术交底的内容主要是针对分部分项工程施工中给作业人员带来的隐患、危险因素和存在的问题；

（5）应优先采用新的安全技术措施；

（6）保存书面安全技术交底签字记录。

1.5　施工现场安全基本要求

1.5.1　施工现场管理

1. 装饰工程施工现场实行封闭式管理

（1）施工现场的施工区域与现场项目部办公场所、职工生活区应划分清晰，有条件的应分开区域设置；在施工区域内设置项目部办公场所、生活区的，应采取安全的隔离措施。

（2）施工现场必须实行封闭管理，设置进出口大门和门卫值班室，值班室应设在进出大门一侧。大门宜采用硬质材料，力求美观、大方，并能上锁。施工项目部应制定门卫值班制度，外来人员进入施工现场应予以登记。在值班室内配备一定数量的安全帽，供相关人员进入施工作业场所使用。

（3）进入施工现场的工作人员应按规定佩戴工作标志卡。

（4）项目部办公场所和生活区的围墙一般高度为 2.5m，特殊情况下为 1.8m。围墙砌筑必须牢固，立柱间距不小于 3.6m。围墙四周应设置夜间照明和监控装置。

（5）办公用房包括办公室、会议室、资料室、档案室、医务室等。办公用房净高不低于 2.5m，人均使用面积不小于 4m²；会议室使用面积不小于 30m²，宜设立在底层，大门应向人员疏散方向开启。

（6）生活用房包括职工宿舍、职工活动室、餐厅、厨房、浴室、卫生间、盥洗室等。厨房、卫生间宜设立在主导风向的下风侧；餐厅、厨房应远离卫生间等污染源，其间距不小于 15m。职工宿舍应集中统一布置，室内床铺不得超过 2 层，居住人员不超过 8 人；宿舍应建立卫生保洁制度，室内居住人员名单应上墙公布；宿舍内严禁使用煤气灶、电饭煲、电炉、热得快、电磁炉等易燃易爆、电功率大的生活用品；宿舍内夏季应有防暑降温和防蚊叮虫咬措施，冬季应有保暖及防气体中毒设施。厨房内严禁住人，应配备排风扇和消毒、灭蝇设施。活动室兼作职工学校时，其大门应向人员疏散方向开启。

2. 作业现场围栏

（1）施工作业现场应编制安全生产文明施工专项方案，并由企业总工程师和施工现场总监理工程师审查批准后，方可组织实施。凡涉及交通安全、废料外运、夜间施工、污水接管等事项，必须向相关管理部门办理有关手续，获得批准方可进行相关作业。

（2）施工作业现场应采用砖墙（用砂浆抹完）、木板或瓦楞板等材料（砖砌 60cm 高的底脚并抹光）的围栏予以外围封闭。围栏应做到坚固、稳定、整洁、美观，高度不低于

2.1m。围栏不应采用彩条布、竹笆、绳网等材料构筑。城镇道路施工围栏高度应听取交通警务管理部门的意见；应在围栏行人、行车一侧设置安全电压警示红灯。

（3）应对围栏经常进行安全和卫生检查，当出现倾斜、破损等情况时，应及时予以加固、修复。围栏表面污染严重时，应及时清洗。

（4）围栏外不得堆放建筑材料、垃圾和工程渣土。

（5）围栏的设置必须沿工地四周连续进行，不能有缺口。

（6）施工中应采取有效措施防治大气、土壤、水源、光源、噪声污染环境和影响居民生活。

（7）加强施工作业场所安全保卫工作。进入施工作业场所的管理和操作人员应佩戴工作卡，工作卡上注明姓名、所属单位（部门）、岗位、编号等人员识别信息。进入地下工程施工时，必须进行实名制出入登记。非施工人员未经许可，一律不准进入作业场所。

1.5.2　临时建筑

1. 临时建筑的选址

（1）临时建筑的选址应科学合理，其布局应与施工组织设计的总体规划相一致；应符合安全、消防、节能、环保要求和国家有关规定。

（2）临时办公、生活用房搭设应考虑与施工周期相协调。临时建筑应根据当地气候条件，采取抵抗风、雪、雨、雷电、冰雹等自然灾害的措施。临时建筑地面应硬化；周边排水畅通、无积水。

2. 临时建筑搭设

（1）临时建筑搭设应编制专项施工方案，确保施工和房屋质量。

（2）临时建筑搭设施工单位应具备房屋建筑施工资质；活动房供应商应具有生产许可证和产品质量保证书；活动房的装拆必须由专业生产厂家负责施工，并且签订施工承包合同。施工完毕，经验收合格才能交付使用。

（3）餐厅、厨房、资料室、会议室、民工学校应设在临时建筑的底层。

（4）临时建筑场地应设有消防车道，宽度不应小于4.0m，净空高度不应小于4.0m。

（5）临时建筑楼层不宜超过两层，不应大于60m。安全出口应分散布置。幢与幢之间的间距不应小于3.5m。楼梯和走廊净宽度不应小于1.0m，楼梯扶手高度不应低于0.9m，外廊高度不应低于1.05m。

（6）单层临时建筑层高不宜大于5.5m，跨度不宜大于9.0m。两层临时建筑（活动房）层高不宜大于3.5m，总高度不宜大于6.5m，跨度不宜大于9.0m。

（7）临时建筑使用中，应适时进行安全检查，发现破损及时修补；遇大风、暴雨、冰雹、冰雪等灾害天气时，必须进行相应的预防、加固工作。

3. 临时建筑拆除

（1）临时建筑的拆除应由具有相应施工资质的单位承担，一般可委托原临时建筑搭设单位进行。

（2）临时建筑的拆除必须采取相关的安全、防火、防尘、降噪、清除废弃物等措施。临时建筑拆除后，场地应及时清理干净。

（3）临时建筑拆除时，需要动火作业的，应办理相关手续。动火作业时，应有安全员监护，特种作业人员应持证上岗。

（4）临时建筑使用的年限不应超过5年。

1.5.3　施工场地

（1）施工现场的主要道路和加工场地必须进行硬化处理，硬化处理可采取铺设混凝土、矿渣、碎石等方法。主通道宽度应不小于4.0m，场内道路应设置醒目的安全警示标志、限速标志。照明设施应齐全且达标。确保消防车通行。次要道路和施工便道视情况采取硬化措施，其路幅宽度不小于3.0m。施工现场道路应做到畅通、平坦、整洁、无堆放物、无散落物。裸露的场地和集中堆放的土方应采取覆盖、固化或绿化等措施。

（2）施工现场应设置良好的排水系统，保证排水畅通、场地内不积水。施工现场应设置防泥浆、污水、废水外溢措施。施工现场出口应设置车辆冲洗设施。场地内应设置排水沟及沉淀池。施工污水经沉淀达到国家规定标准，经市政管理部门核验合格后方可排入市政污水管网或河流。土方、渣土外运必须采用密闭式运输车或采取覆盖措施，并办理好相关手续，严禁抛撒滴漏。

（3）施工现场应采取降噪措施，强噪声设备应设置在远离居民区一侧。运输土方、材料车辆进入施工现场严禁鸣笛。夜间施工应办理相关手续。

（4）施工现场应设置茶（开）水供应点、吸烟休息处和医疗保健箱，适当设置水冲式或移动式厕所。施工作业场所禁止吸烟。

（5）施工现场严禁焚烧各类废弃物。

1.5.4　材料堆放

（1）施工用材料、构件、料具必须按施工现场总平面布置图堆放，布置合理。材料、构配件及其他料具等必须做到安全、整齐堆放（存放），不得超高。堆料应分门别类，悬挂标牌。标牌应统一制作，标明名称、品种、规格数量以及检验状态等。

（2）施工现场应建立材料收发管理制度。仓库、工具间材料应堆放整齐。易燃易爆物品应分类堆放，配置专用灭火器，专人负责，确保安全。

（3）原材料堆场（砂石、水泥等）应建立清扫制度，落实到人，做到工完料尽、场清无积水。建筑垃圾应定点存放，及时清运，不得在现场焚烧。

（4）施工现场应采取控制扬尘措施，水泥和其他易飞扬的施工用颗粒材料应密闭存放或采取覆盖等措施。

（5）特殊材料在使用和保存时应有相应的防尘、防火、防爆、防雨、防潮、防霉措施。

（6）易燃易爆物品应设置危险品仓库，并做到分类存放。

1.5.5　施工现场标牌标识

1. 七牌二图

（1）施工现场必须设置"七牌二图"，即工程概况牌、管理人员及监督电话告示牌、消防保卫（防火防盗）责任牌、安全生产牌、文明施工牌、环境保护卫生须知牌、十项安全技术措施牌和施工现场平面图、施工现场消防平面图。标牌牢固、规格统一、字迹端正、表示明确、线条清晰、布置合理，一般固定在施工现场出入口侧。

（2）施工现场主要通道口、施工特殊部位、危险源作业点等处应设置安全警示牌。警示牌采用安全色来表示禁止、警告、指令和指示。红色表示禁止、停止、消防、危险；黄色表示警告，可能发生危险，必须引起注意和重视；蓝色表示指令，是必须遵守的规定；

绿色表示安全，起到提示作用，一般是向人员提示安全通道、安全场所。

（3）生产作业场所必须设有机械操作岗位安全操作规程牌。

2. 文化宣传栏

施工现场应当在适当位置（一般在项目管理部）设置文化宣传栏。文化宣传栏内容包括：企业文化、安全知识、报刊文章、政务公开、先进表彰、违章曝光等。

1.5.6　应急预案

（1）施工企业应根据法律法规制定施工现场的公共突发事件应急预案。应急预案包括应急组织体系、应急人员组成及联络方式、危险源识别和监控、应急材料和设备、应急措施等。

（2）施工企业应根据市政工程的特点和难点，针对施工现场易发生生产安全事故的部位和环节进行监控，制定施工现场生产安全事故应急预案，落实责任人员和抢救物资，并适时组织演练。

（3）对于超过一定规模的危险性较大的分部分项工程，应按规定编制安全生产专项方案，组织专家对安全生产专项方案进行论证。安全生产专项方案内容包括：工程概况、编制依据、施工环境、施工计划、施工工艺和技术、安全保证措施、劳动力安排、施工装备、有关安全计算、有关图纸等。

（4）施工现场安全生产应急预案要与企业总体应急预案保持衔接。企业应赋予生产现场负责人、专职安全员在遇到险情时第一时间下达停工撤人命令的直接决策权和指挥权。因撤离不及时导致人身伤亡事故的，要从重追究相关人员的法律责任。

（5）企业主要负责人是本企业安全生产第一责任人。企业要不断完善安全生产应急预案，有计划地组织应急演练，提高应急预案的实用性和可操作性。

2 重大危险源及其管理

2.1 重大危险源

建筑施工重大危险源是指建筑工程在施工中潜在的、一定条件和因素触发下可能形成重大安全隐患的要素集合，应事先依据工程的特点和规律，结合法律、法规、规章、标准及企业的管理制度、工艺标准、操作规程、技术方案、安全技术措施等进行系统的分析、归纳、集成后进行辨识，并须提前采取技术和管理措施实施控制，以避免产生重大安全隐患。对施工过程中不安全状态或不安全行为的提前预测及事中控制，可以理解为不安全状态或不安全行为控制的未来时或进行时。

2.2 重大危险源的辨识

2.2.1 重大危险源辨识的依据
（1）国家的法律、法规；
（2）各级政府行政主管部门的规章；
（3）国家标准、行业标准、地方标准、企业标准；
（4）操作规程；
（5）施工技术文件；
（6）工程地质和水文地质资料（特别是不良地质反映）；
（7）周围环境（建筑物、构筑物、设施、道路、地上地下各种管线及周围人流分布等）；
（8）施工组织设计或施工方案（特别是拟投入的各种资源及拟采用的施工技术措施）；
（9）施工企业的技术与装备能力；
（10）施工企业的组织管理能力与水平。

2.2.2 重大危险源辨识的方法
1）重大危险源辨识方法通常可分为对照法和系统分析法两大类。
（1）对照法是与相关的法律、法规、标准、规章和以往的经验教训相对照辨识而得出的重大危险源。这是一种基于经验的方法，优点是操作简单、易行，缺点是重点不突出、容易遗漏，适用于有以往经验可供借鉴的情况。

常用的对照法包括：询问交谈法、检查法、现场观察法、经验分析评价法、查阅相关记录法、查阅外部信息法等。

（2）系统分析法是以不安全状态、不安全行为、起因物、致害物和伤害方式等进行的分析方法，通过揭示系统中可能导致系统故障或事故的各种因素及其相互关联来辨识系统中存在的重大危险源。系统分析法经常被用来辨识可能带来的严重事故后果的重大危险源，也可用于辨识没有前人经验的活动系统的重大危险源，系统越复杂，越需要利用系统安全分析法来辨识重大危险源。

常用的系统分析法包括：危险与可操作性研究、工作任务分析、事件树分析、故障树分析等。

2）辨识不可能一蹴而就，它是一个循序渐进、动态管理的过程。除了开工前确定分部分项工程和子项，并按重大危险源辨识方法尽可能完整地辨识重大危险源要素外，还应根据施工过程和施工内容的变化动态地对重大危险源要素进行辨识。

3）工程开工前应编制重大危险源要素辨识的总目录，还需根据工程施工进度情况滚动式编制重大危险源要素辨识的分阶段目录。

2.2.3　重大危险源辨识应注意的问题

（1）应仔细阅读工程设计文件、工程地质资料，深层次研读对工程安全和质量可能产生影响的内容，如复杂结构、预应力、大悬挑结构、超重结构构件以及不良地质反应等，这是辨识的关键内容，也是施工管理人员由于责任心和技术水平等因素往往被忽视的内容。

（2）应深入了解周围环境情况，如建筑物和构筑物的结构型式、基础型式、现有状态，周边管线的类型、分布、距离、现有状态，设施的分布、现有状态等。既需要分析工程施工对周围环境可能产生的影响，也要分析周围环境对工程施工的影响，从中辨识重大危险源。

（3）应认真分析各重大危险源之间的内在联系和影响，切忌片面、孤立地看待重大危险源。

（4）应充分认识到施工项目是重大危险源辨识的基本单元。项目部应结合工程实际情况有针对地梳理、分析、辨识重大危险源，切记教条、机械地照搬照抄法律、法规、规章、标准及企业的管理制度、工艺标准、操作规程等具体条文。现在施工企业一般都有危险源辨识的总目录，项目部往往照搬照抄，甚至将企业的危险源辨识的全部内容作为项目重大危险源辨识目录，缺乏针对性和可操作性。

（5）应正确理解安全和技术标准与重大危险源辨识的辩证关系。安全和技术标准所规范的是常规的施工行为，具有一定的通用性，而重大危险源辨识具有较强的工程个案性，不能将安全和技术标准的内容简单地罗列成重大危险源，而应在充分理解、熟练掌握标准内容，并在相关内容与工程具体情况相结合的基础上有针对性辨识。

2.3　重大危险源控制

2.3.1　对重大危险源进行控制

重大危险源辨识控制的对象是要素，控制的手段是技术和管理措施，控制的关键是过程管理，控制的结果是绩效评价。

2.3.2　正确理解控制与安全管理的辩证关系

安全管理是按法律、法规、标准和规章等具体规定进行能做或不能做的管理，是一个比较宽泛的管理概念；而重大危险源管理是在重大危险源要素辨识基础上，通过制定技术与管理措施并保证其有效实施来确保施工过程处于受控状态的管理，它是安全管理与技术管理有机结合的管理。如进入现场必须戴好安全帽是安全标准明确规定的一种安全行为，它属于安全管理的范畴，不属于重大危险源控制的范畴；而模板工程则必须在重大危险源要素辨识的基础上，针对性编制专项施工方案，对模板及支架进行设计和计算，并应对其实施过程进行系统控制，才能保证工程安全和工程质量，它属于重大危险源控制的范畴，同时也部分属于安全管理范畴。

2.3.3 重大危险源控制的基本内容

因工程对象、企业的规模及管理模式等不同而有所变化，一般主要包括以下内容：

1. 管理体系建设

施工企业一般都设置有安全管理部门及清晰的安全管理体系，而重大危险源管理涉及工程管理、技术管理、安全管理、人力资源管理等职能部门，管理过程涉及辨识、制定技术措施、技术交底、过程控制、验收等，施工企业如果没有完备的管理体系和清晰的管理流程，重大危险源的管理不可能处于受控状态。

2. 规章制度建设

施工企业应制定重大危险源控制管理的规章制度，明确管理体系、管理流程、管理职责、管理方法和措施及相应的绩效评价管理等。

3. 流程管理建设

施工企业必须建立清晰的管理流程，并明确流程节点上的管理职责。

4. 技术管理

包括技术制定和论证、技术交底、技术过程控制和验收管理等。

5. 协调管理措施

重大危险源管理面较广，管理内容复杂，涉及的单位有时也较多，因此协调管理是危险源管理的重要组成部分。如分包管理、周围设施的安全管理。

2.3.4 应对重大危险源控制进行后评估

重大危险源的有效控制过程是工程管理水平提高的过程，良好的控制结果可为后续工程提供有效的经验，而控制中出现的漏洞也可让后续工程吸取教训。因此，施工企业应在控制取得满意成果后进行总结和评估。

3 生产安全事故管理

3.1 生产安全事故的分类

3.1.1 按伤害程度分类

1. 轻伤事故

指损失工作日低于 105 日的失能伤害（受伤者暂时不能从事原岗位工作）的事故。

2. 重伤事故

指损失工作日等于或超过 105 日的失能伤害的事故。

3. 死亡事故

指事故发生后当即死亡或负伤后 30 日内死亡的事故，损失工作日定为 6000 日。

3.1.2 按致害起因分类

表 3-1　事故类别及常见伤害形式

序号	事故类别名称	常见伤害形式
1	物体打击	空中落物、崩块和滚动物体的砸伤；触及固定或运动中的硬物、反弹物的碰伤、撞伤；器具、硬物的击伤；碎屑、碎片的飞溅伤害
2	机械伤害	机械转动部分的绞入、碾压和拖带伤害；机械工作部分的钻、刨、削、锯、击、撞、挤、砸、轧等伤害；滑入、误入机械容器和运转部分的伤害；机械部件的飞出伤害；机械失稳和倾翻事故的伤害；其他因机械安全保护设施缺失、失灵和违章操作所引起的伤害
3	起重伤害	起重机械设备的折臂、断绳、失稳、倾翻事故的伤害；吊物失衡、脱钩、倾翻、变形和折断事故的伤害；操作失控、违章操作和载人事故的伤害；加固、翻身、支承、临时固定等措施不当造成的事故伤害；其他起重作业中出现的砸、碰、撞、挤、压、拖作业伤害
4	触电	起重机械臂杆或其他导电体搭碰高压线事故伤害；带电电线（缆）断头、破口的触电伤害；挖掘作业损坏埋地电缆的触电伤害；电动设备漏电伤害；雷击伤害；拖带电线机具电线绞断、破皮伤害；电闸箱、控制箱漏电和误触伤害；强力自然因素致断电线伤害
5	火灾	电器和电线着火引起的火灾；违章用火和乱扔烟头引起的火灾；电、气焊作业时引燃易燃物的火灾；爆炸引起的火灾伤害；雷击引起的火灾伤害；自燃和其他因素引起的火灾伤害
6	高处坠落	脚手架或垂直运输设施上坠落的伤害；从洞口、楼梯口、电梯口、天井口和坑口坠落的伤害；从楼面、屋面、高台边缘坠落的伤害；从施工安装中的工程结构上坠落的伤害；从机械设备上坠落的伤害；其他因滑跌、踩空拖带、碰撞、翘翻、失衡等引起的坠落伤害

序号	事故类别名称	常见伤害形式
7	坍塌	沟壁、坑壁、边坡、洞室等土石方的坍塌伤害；因基础掏空、沉降、滑移或地基不牢等引起的其上墙体和建（构）筑物的坍塌伤害；施工中的建（构）筑物的坍塌伤害；施工中临时设施的坍塌伤害；堆置物的坍塌伤害；脚手架、井架、支撑架的倾倒和坍塌伤害；强力自然因素引起的坍塌伤害；支承物不牢引起其上物体的坍塌伤害
8	爆炸	工程爆破措施不当引起的爆破伤害；雷管、炸药和其他易燃易爆物保管不当引起的爆炸事故伤害；施工中电火花和其他明火引燃易爆物的事故伤害；瞎炮处理中的事故伤害；在生产中的工厂进行施工出现的爆炸事故伤害；高压作业中的爆炸事故伤害；乙烯罐回火爆炸伤害
9	中毒和窒息	一氧化碳中毒、窒息伤害；亚硝酸钠中毒伤害；沥青中毒伤害；在有毒气体存在和空气不流通场所施工的中毒、窒息伤害；炎夏和高温场所作业中暑伤害；其他化学品中毒伤害
10	其他伤害	钉子扎脚和其他扎伤、刺伤伤害；拉伤、扭伤、跌伤、碰伤；烫伤、灼伤、冻伤、干裂伤害；溺水和涉水作业伤害；高压（水、气）作业伤害；从事身体机能不适宜作业的伤害；在恶劣环境下从事不适宜作业的伤害；疲劳作业和其他自持力变弱情况下进行作业的伤害；其他意外事故伤害

3.1.3　按事故等级分类

1. 特别重大事故

指造成 30 人以上死亡，或者 100 人以上重伤（包括急性工业中毒，下同），或者 1 亿元以上直接经济损失的事故。

2. 重大事故

指造成 10 人以上 30 人以下死亡，或者 50 人以上 100 人以下重伤，或者 5000 万元以上 1 亿元以下直接经济损失的事故。

3. 较大事故

指造成 3 人以上 10 人以下死亡或者 10 人以上 50 人以下重伤，或者 1000 万元以上 5000 万元以下直接经济损失的事故。

4. 一般事故

指造成 3 人以下死亡，或者 10 人以下重伤，或者 1000 万元以下直接经济损失的事故。

上述所称的"以上"包括本数，所称的"以下"不包括本数。

3.1.4　按事故性质分类

（1）非责任事故、非人为过失造成的事故，包括不能预见或不可抗拒的自然条件变化引起的事故；在技术改造、发明创造和科学实验活动中，由于科学技术发展水平和客观条件的限制而无法预见的事故。

（2）责任事故，有人为过失造成的事故，即在可以预见、可以采取安全保护措施和可以抗拒的情况下，由于人为过失而发生的事故。

（3）破坏事故，为达到某种目的蓄谋、故意制造的事故。

3.2　安全隐患和事故的征兆

3.2.1　安全隐患

1. 安全隐患含义和构成

安全隐患，是指在建筑施工中未被事先识别或未采取必要的风险控制措施，可能导致安全事故的根源。

在安全事故的 5 个基本要素中，致害物和伤害方式只有在事故发生时才能表现出来。因此有不安全状态、不安全行为和致因物的存在时，就构成了安全隐患，其构成方式有 3 种情况。

表 3-2　安全隐患的构成方式

类别	安全隐患的构成方式
第一种	不安全状态＋起因物
第二种	不安全行为＋起因物
第三种	不安全状态＋不安全行为＋起因物

2. 安全隐患的分类

目前尚无标准对安全隐患的分类做出明确的规定和解释，但在一些相关文件中提到了"重大安全隐患"。因此可以把安全隐患大致分为以下三级：重大安全隐患、严重安全隐患和一般安全隐患。

（1）重大安全隐患：可能导致特大死亡事故发生的隐患，包括在工程建设中可能导致发生较大事故以上的安全隐患。

（2）严重安全隐患：可能导致死亡事故发生的安全隐患，包括在工程建设中可能导致发生一般事故以上的安全隐患。

（3）一般安全隐患：可能导致发生重伤以下事故的安全隐患，包括未列入工程建设一般事故的各种安全隐患。

3. 安全隐患的检查

安全预防、安全隐患的检查与治理和安全事故的处理是安全生产工作的三部曲。其中安全预防应摆在第一位，安全隐患的检查与治理摆在第二位，安全事故的处理则摆在第三位。因此安全隐患的检查与治理是安全生产工作的中间环境，是防止或杜绝安全事故发生的重要关口。

安全隐患的检查应针对施工现场存在的不安全状态、不安全行为和起因物进行分析，然后根据隐患的严重程度，采取相应的整改措施进行治理。

安全隐患的治理，应做到定人、定时间、定措施，并跟踪复查。

3.2.2　事故的征兆

事故的征兆，是指在安全事故发生之前所显示出的可能要发生事故的迹象。如能及时地发现征兆并采取排险措施，则有可能阻止事故的发生；即使不能阻止时，也可以及时撤出人员和采取保护措施，以减轻事故的伤害和损失。

事故的征兆按其出现的顺序可分为早期征兆、中期征兆和晚期征兆。

（1）早期征兆：在事故起因物开始启动后初现的迹象，如结构杆件的初始变形、土方的初始开裂、滑动等。

（2）中期征兆：早期征兆的发展与扩大迹象，如变形迅速发展、裂缝显著扩张、局部土体开始移动、坍塌等。

（3）晚期征兆：在事故发生前，原有状态面临突变的迹象，如即将发生裂断、折断脱离等险情，预示事故即至。

3.3　预防事故的措施

为了便于掌握和切实达到预防事故和减少事故损失的目的，应采取以下安全技术措施：

（1）改进生产工艺，实现机械化、自动化。

（2）设置安全装置（防护、保险、信号装置，危险警示标志）。

（3）预防性的机械强度试验和电气绝缘检验。

（4）机械设备的维修保养和有计划的检修。

（5）文明施工。

（6）合理使用劳动保护用品。

（7）做好重点预防。

（8）认真研究，做好预防方案。

（9）强化民主管理，认真执行操作规程，普及检验技术知识教育。

3.4　伤亡事故处理程序

发生伤亡事故的，应按下述程序进行处理：

（1）迅速抢救伤员、保护事故现场。

（2）组织调查组。

（3）现场勘察。

（4）分析事故原因，确定事故性质。

（5）写出事故调查报告。

（6）事故的审理和结案。

3.5　事故现场的保护

事故发生后，有关单位和人员应当妥善保护事故现场以及相关证据，任何单位和个人不得破坏事故现场、毁灭相关证据。

因抢救人员、防止事故扩大以及疏通交通等原因，需要移动事故现场物件的，应当做出标志，绘制现场简图并做出书面记录，妥善保存现场重要痕迹、物证。

3.6 生产安全事故报告

生产安全事故报告主要内容如下：

（1）事故发生单位概况。

（2）事故发生的时间、地点以及事故现场情况。

（3）事故的简要经过。

（4）事故已经造成或者可能造成的伤亡人数（包括下落不明的人数）和初步估计的直接经济损失。

（5）已经采取的措施。

（6）其他应当报告的情况。

3.7 事故发生单位及有关人员的法律责任

根据国务院《生产安全事故报告和调查处理条例》的规定，对发生事故的单位和有关人员进行处罚。

1）事故发生单位主要负责人有下列行为之一的，处上一年年收入 40%～80%的罚款；属于国家工作人员的，并依法给予处分；构成犯罪的，依法追究刑事责任。

（1）不立即组织事故抢救的；

（2）迟报或漏报事故的；

（3）在事故调查处理期间擅离职守的。

2）事故发生单位及其有关人员有下列行为之一的，对事故发生单位处 100 万元以上 500 万元以下的罚款；对主要负责人、直接负责的主管人员和其他直接责任人员处上年年收入 60%～100%的罚款；属于国家工作人员的，并依法给予处分；构成违反治安管理行为的，由公安机关依法给予治安管理处罚；构成犯罪的，依法追究刑事责任。

（1）谎报或者瞒报事故的；

（2）伪造或者故意破坏事故现场的；

（3）转移、隐匿资金、财产，或者销毁有关证据、资料的；

（4）拒绝接受调查或者拒绝提供有关情况和资料的；

（5）在事故调查中作伪证或者指使他人作伪证的；

（6）事故发生后逃匿的。

3）事故发生单位对事故发生负有责任的，依照下列规定处以罚款：

（1）发生一般事故的，处 10 万元以上 20 万元以下的罚款；

（2）发生较大事故的，处 20 万元以上 50 万元以下的罚款；

（3）发生重大事故的，处 50 万元以上 200 万元以下的罚款；

（4）发生特别重大事故的，处 200 万元以上 500 万元以下的罚款。

事故发生单位对事故发生负有责任的，由有关部门依法暂扣或者吊销其有关证照；对事故发生单位负有事故责任的有关人员，依法暂停或者撤销其与安全生产有关的执业资格、岗位证书；事故发生单位主要负责人受到刑事处罚或者撤职处分的，自刑罚执行完毕或者受处分之日起，5 年内不得担任任何生产经营单位的主要负责人。

为发生事故的单位提供虚假证明的中介机构，由有关部门依法暂扣或者吊销其有关证照及其人员的执业资格；构成犯罪的，依法追究刑事责任。

4 施工准备工作中的安全要点

施工项目现场是施工的"枢纽站",大量的物资进场后"停站"于施工现场,施工现场集中的大量劳动力、各种机械设备和管理人员,在施工活动中处于流动之中。不言而喻,施工现场存在着大量的不安全因素,因此,必须切实加强施工现场的安全管理工作。

4.1 施工现场的安全要点

4.1.1 平面布置与安全要点

施工现场应有利于生产、方便职工生活,符合防洪、防火等安全要求,具备文明生产、文明施工的条件。开工前,在施工组织设计(或施工方案)中必须有详细的施工平面布置图。对于施工现场的临时设施,必须避开泥沼、悬崖、陡坡、泥石流、雪崩等危险区域,选在水文、地质良好的地段。施工现场内的各种运输道路、生产生活房屋、易燃易爆仓库、材料堆放以及动力通信线路和其他临时工程均应保证符合有关安全规定的要求。

1)施工现场的生产生活用房、变电所、发电机房、临时油库等均应设在干燥地基上,并应符合防火、防洪、防风、防爆、防震的要求。

由于施工现场易燃材料多,如木材、木模板、脚手架、沥青、油毡等;施工现场临时用电线路多,容易漏电起火;现场人员流动性大;交叉作业多;管理不便,火灾隐患不易发现,加上消防条件差,如出现火灾,灭火困难,因此,火灾的隐患不安全因素多,稍有疏忽就可能发生火灾。

防火的安全工作要点主要有:

(1)施工现场火灾的主要隐患

① 木屑自然起火。例如在桥梁施工现场的木材加工中,有大量木屑堆积,就会发热,积热量增多后,再吸收氧气,便可能自然起火;

② 熬制沥青作业时不慎起火;

③ 仓库内的易燃物触及明火就会燃烧起火,如土工合成材料、油料、木材、燃料、防护用品、油毡等;

④ 焊接作业时火星溅到易燃物上引起火灾;

⑤ 电气设备短路或漏电而导致火灾;

⑥ 乱扔烟头引发起火;

⑦ 冬季在加工车间如木工间烧柴取暖引发起火;

⑧ 烟囱、炉灶、冬季炉火取暖,管理不善起火;

⑨ 雷击起火;

⑩ 生活用房不慎起火;

⑪ 其他。

（2）防火安全工作的措施

① 对上级有关消防工作的政策、法规、条例等应认真组织学习并贯彻执行。将防火工作纳入领导工作的议事日程，做到在计划、布置、检查、总结、评比时同步考虑防火工作，制定各级领导防火责任制。

② 建立各级安全防火责任制，工人安全防火岗位责任制，现场防火工具管理责任制，重点部位安全防火制度，安全防火检查制度，火灾事故报告制度，易燃、易爆物品管理制度，用火用电管理制度，防火宣传教育制度等。

③ 设置专职、兼职防火员，成立义务消防队组织。主要职责有：

a. 监督、检查各级人员落实防火责任制的情况。

b. 审查防火工作措施并督促实施。

c. 参加制定、修改防火工作制度。

d. 经常进行现场防火检查，协助解决防火问题，发现火灾隐患有权指令停止生产或查封，并立即报告有关领导研究解决。

e. 推广消防工作先进经验。

f. 对工人进行防火知识教育，组织义务消防队员培训和灭火演习。

g. 参加火灾事故调查，处理、上报。

2）施工现场应根据现场实际情况和需要，设置鲜明的安全标志，并不得擅自拆除。

3）施工现场内的沟、坑、水塘等边缘应设安全护栏。场地狭小、行人和运输繁忙的路段应设专人指挥交通。

工地的人行道、行车道应坚实平坦，保持畅通。场内运输道路应尽量减少弯道和交叉点，频繁的交叉处必须设置鲜明的警告标志。

工地通道不得任意挖掘或截断。通过沟渠的道路，应搭设牢固的桥板或修建临时便桥。

4）生产生活房屋应按防火要求的规定保持必需的安全距离，一般情况下活动板房不小于7m，铁皮板房不小于5m，临时的锅炉房、发电机房、变电室、铁工房、厨房等与其他房屋的间距不小于15m。

5）对环境有污染的设施和材料应设置在远离人员居住的较为空旷的地点。工程场所应配有防污染的设施。

6）施工现场的生活用水必须符合国家有关饮用水水质标准的规定。

（1）生活饮用水水质应符合 GB 5749—2022《生活饮用水水质标准》的规定。

（2）各单位自备的生活饮用水系统，严禁与城镇供水系统连接。

（3）直接从事供水工作的人员，必须建立健康档案，定期进行体检，每年不少于一次。

7）生活污水应进行处理。应建有化粪池或其他能满足使用要求的系统，用于汇集与处理由住房、办公室及其他建筑物和流动性设施中排放的污水，其位置、容量应满足正常使用的要求。每一处临时施工现场均应配备临时污水汇集设施，对拌和场和清洗砂石的污水应汇集处理，不得排引施工现场以外的地方。

8）做好垃圾处理，确保环境卫生，防止疾病发生。

现场产生的一切垃圾必须每天有专人负责清理集中并处理（可与当地有关部门联系定

期运至指定的垃圾处理场),施工垃圾必须随当地日作业班组清洁集中处理,以保证作业现场保持清洁卫生。垃圾管理工作直至工程竣工交验后方可停止。

4.1.2 特殊工程施工现场的安全要点

特殊工程是指工程本身的特殊性或工程所在地区(区域)的特殊性或采用的施工工艺、方法有特殊要求的工程。有的是整体工程属于特殊工程施工现场,也有的仅是部分分项工程属于特殊工程施工现场。

特殊工程施工现场安全管理,除一般工程的基本要求外,还应根据特殊工程的性质、施工特点、要求等制定有针对性的安全管理和安全技术措施。其基本要求是:

(1)编制特殊工程施工现场安全管理制度,并向参加施工的全体职工进行安全教育和交底。

(2)特殊工程施工现场周围要设置围护,要有出入制度并设门卫(值班人员)。

(3)强化安全监督检查制度,并认真做好安全日记。

(4)对于从事危险作业的人员要进行安全检测和设置监护,如爆破、吊装拆除工程和滑模施工等。

(5)施工现场应设医务室或派医务人员。

(6)要备有灭火、防爆和应急等器材物资,通过学习和训练,使相关职工能掌握使用。

4.1.3 施工现场安全组织

(1)施工现场(工地)的工地负责人(或项目经理)为安全生产的第一责任者,设置安全专(兼)职人员或安全机构。

(2)成立以工地负责人(项目经理)为主的,有施工员、安全员、班组长参加的安全生产管理小组,并组成安全管理网络。

(3)要建立由工地领导参加的,包括施工员、安全员在内的轮流值班制度,检查监督施工现场及安全制度的贯彻执行,并做好安全值日记录。

(4)工地还要建立健全各类人员的安全生产责任制、安全技术交底、安全宣传教育、安全检查、安全设施验收和事故报告等管理制度。

(5)班组新调入工地时,应将班组安全员名单报告工地安全生产管理小组,属特种作业班组还应报告本班组持有操作证情况。同时,工地安全管理小组要向班组进行安全交底。

(6)总、分包工程或多单位联合施工工程,总承包单位应统一领导管理安全工作,并成立以总包单位为主、分包单位(或参加施工单位)参加的联合安全生产领导小组,统筹、协调、管理施工现场的安全生产工作。

(7)各分包单位(或参加施工单位)根据"管生产必须管安全"原则,都应成立分包工程安全管理组织或确定安全负责人,负责分包工程安全管理,并服从总包单位的安全监督检查。

(8)在同一施工现场,由建设单位(甲方)直接分包分部分项工程的施工单位除负责本单位施工安全外,还应服从现场总负责施工单位的监督检查和管理。

4.1.4 现场安全管理资料与档案

安全档案是安全基础工作之一,也是检查考核落实安全责任制的资料依据,同时为安全管理工作提供分析、研究资料，从而能够掌握安全动态，以便对每个时期的安全工作进行目标管理，达到预测、预报、预防事故的目的。安全管理资料是现代化安全管理（计算机的应用）的基础，也是分析、研究安全管理工作规律的基础资料，通过对资料分类、进行规范化和标准化的探索，提高安全管理工作的水平，因此，必须重视现场安全管理资料及建档工作。

安全管理基础资料主要包括方针、目标等职业安全健康管理五大核心要素的资料，例如：

（1）安全组织机构。

（2）安全生产规章制度。

（3）安全生产宣传、教育、培训。

（4）安全技术资料。

（5）采用新工艺、新技术、新设备、新材料安全交底书和安全操作规定。

（6）安全检查考核（包括隐患整改）。

（7）特种作业人员验证记录。

（8）伤亡事故档案。

（9）有关文件、会议记录。

（10）总、分包工程安全文书资料。

（11）班组安全活动。

（12）奖罚资料。

4.1.5　施工安全技术措施

安全技术措施是为防止工伤事故和职业病的危害，从技术上采取的措施。它是在工程施工中，针对工程的特点、施工现场环境、施工方法、劳动组织、作业方法、使用的机械和动力设备、变配电设施、架设工具以及各项安全防护设施等制定的确保安全施工的措施。

施工安全技术措施是施工组织设计（或施工方案）的重要组成部分。

1. 施工安全技术措施编制的要求

工程开工前，施工单位必须详细核对设计文件，根据施工地段的地形、地质、水文、气象等资料，在编制施工组织设计的同时，制定相应的安全技术措施。

在施工准备阶段中，施工单位在编制施工组织的同时，应按下述要求编制相应的施工安全技术措施：

1）应在工程开工前编制，并经过审批

要求在开工前编审好安全技术措施，在工程图纸会审时，必须考虑到施工安全。根据开工前编审的安全技术措施，用于该工程的各种安全设施才能有较充分的时间作准备，从而保证各种安全设施的落实。

在施工过程中，遇工程变更等情况变化时，安全技术措施也必须及时进行相应的补充和完善，以适应变化后的安全要求。

2）要有针对性

施工组织设计中的安全技术措施必须要有针对性，防止一般性口号化的条文。编制人员必须深入现场，进行调查、勘察，掌握第一手资料，并以安全法规、标准等为依据来编写有针对性的安全技术措施。

（1）针对不同工程可能造成的施工危害，从技术上采取措施，消除危险，保证施工安全。

（2）针对不同的工程结构可能造成的施工危害，从技术上采取措施，消除危险，保证施工安全。

（3）针对不同的施工方法采取安全措施。例如：采用立体交叉作业方法施工时，应对其可能给施工带来的不安全因素，从技术上采取措施，以保证施工安全。

（4）针对使用的各种机械设备、变配电设施可能给施工人员带来的危险因素，从安全保险装置等方面采取技术措施，以保安全。

（5）针对施工中有毒有害、易爆易燃等作业可能给施工人员带来的危险因素，从技术上采取防护措施。

（6）针对施工场地及周围环境可能给施工人员或周围居民以及材料、设备运输带来的困难和不安全因素，从技术上采取措施进行保护。

3）考虑要全面、具体

安全技术措施应贯彻于全部施工生产活动之中，力求细致、全面、具体。

例如：在施工平面布置设计中未很好考虑安全要求，致使易燃易爆品临时存放仓库及明火作业区、工地宿舍、厨房等间距达不到安全距离规定的要求，又如用于起吊的缆绳未认真检测或所取安全度不够等，这些均可能导致严重安全事故。因此，只有把多种因素和各种不利条件综合研究、分析，考虑周全，并采取有效的措施和对策，才能真正做到预防事故。

所谓全面、具体并不是罗列一般的通常的操作工艺、施工方法以及日常安全工作制度、安全纪律等。这些制度性规定，安全技术措施中不必抄录，但必须严格执行。

4）对大型群体工程或一些工程量大且复杂的重点工程，除必须在施工组织总设计中编制施工安全技术总体措施外，还应编制单位工程或分部分项工程安全技术措施，详细地制定出有关安全方面的防护要求与措施，确保该单位工程或分部分项工程的安全施工。

总之，应根据工程施工的具体情况进行系统分析，选择最佳施工方案，编制有针对性的安全技术措施。

2.贯彻执行安全技术措施的要求

必须明确经过批准的安全技术措施具有技术法规的作用，必须认真贯彻执行，遇到因条件变化或考虑不周必须变更安全技术措施内容时，应经由原编制、审批人员办理变更手续，否则不能擅自变更。

（1）要切实并认真做好安全技术措施的交底工作

在施工准备阶段、工程开工前，总工程师或技术负责人应将工程概况、施工方法、操作要求、安全技术措施与要求向参加施工的工地负责人、工长、安全员和职工进行安全技术交底。对技术措施中的具体内容和施工要求，向工地负责人、工班长、安全员作详细交底并组织讨论，有的还应组织训练使执行人员明白道理，懂得和掌握具体作业，了解要消除的隐患及防护的方法，使执行人员有坚定的安全信念，为安全技术措施的落实打下基础。安全交底应有书面材料，有双方的签字和交底日期。

（2）安全责任落实

安全技术措施中的各种安全设施、防护设置的实施应列入施工任务单，责任落实到班组或个人，并实行验收制度。

（3）加强实施情况的检查

技术负责人、编制者和安全技术人员、安全员，要经常深入工地检查安全技术措施的实施情况，及时纠正违反安全技术措施的行为、问题，并对安全技术措施视情况作及时的补充和修改，使之更加完善和有效。各级安全部门要以施工安全技术措施为依据，以安全法规和各项安全规章制度为准则，经常性地对各工地实施情况进行检查，并监督各项安全措施的落实，如发现问题，应及时研究、解决或向上级汇报。

（4）对安全技术措施的执行情况，除认真监督检查外，还应建立必要的与经济挂钩的奖罚制度。

（5）应做好安全检查记录，做好建档工作。

3. 安全检查的要求

1）安全检查的目标

（1）预防伤亡事故或者说把事故率降下来，把伤亡事故频率和经济损失率降到低于社会容许的范围，达到国际同行业的先进水平。

（2）不断改善生产条件和作业环境，达到最佳安全状态。但是，由于安全与施工生产是同时存在的，因此危及劳动者的不安全因素也同时存在，事故的致因也是复杂和多方面的。为此，必须通过安全检查对施工生产中存在的不安全因素进行预测、预报和预防。

2）安全检查的内容

检查内容主要应根据施工生产的特点，制定检查项目、标准。概括起来，主要是查思想、查制度执行情况、查机械设备的安全性、查安全设施完善性和可靠性、查安全教育培训的效果、查操作行为的规范性、查劳保用品合格性及发放是否符合标准、查伤亡事故的处理等。

3）安全检查的要求

（1）配备人员

各种安全检查均应根据检查的要求配备力量，特别是大范围、全面性的安全检查，要明确检查负责人，并抽专业人员参加，作出分工，明确检查内容、标准及要求。

（2）明确检查项目

每种安全检查均应有明确的检查目的、项目、内容及标准，重点、关键部位（保证项目）要重点检查。对大面积或数量多的相同内容的项目可采取系统的观感和一定数量的测点相结合的检查方法。检查时，尽量采用检测工具，用数据说话。对现场管理人员和操作工人不仅要检查是否有违章指挥和违章作业行为，还应进行应知应会知识的抽查，以便了解管理人员及操作工人的安全素质。

（3）检查记录要真实、可靠

检查记录是安全评价的依据，因此必须认真、详细，特别是对隐患的记录必须具体，如隐患的部位、危险性程度及处理意见等。检查记录必须真实、可靠。

4）安全检查的评价

（1）做好安全评价工作

安全检查后，对结果应进行系统的、认真的分析，采用定性和定量的方法进行安全评价。哪些项目已达标或基本达标，哪些方面需要改进、补充、完善，哪些未达标，存在哪些问题需要整改等。受检单位（若是本单位自检也需作安全评价）根据安全评价，研究和采取有针对性的对策进行整改，加强管理。

（2）认真做好整改工作

整改是安全检查工作重要的组成部分，是检查结果的归宿。整改工作包括：

① 隐患登记，分析研究，找出不安全因素特别是关键因素（最危险因素）及相应的对策，提出有针对性的、可靠而有效的措施，以消除隐患。

② 实施整改。按照提出的对策和措施实施。

③ 复查。实施整改之后，组织进行复查，检查所采取的对策与措施的效果，如果达到了控制安全目标的要求，即可销案。

4.2 场内交通及水电设施的安全要点

（1）场内道路应布局合理，经常维修，使其使用质量保持要求的水平，保证畅通。载重车辆通过较多的道路，其弯道半径一般不小于 15m，特殊情况不得小于 10m，手推车道路的宽度不小于 1.5m。急弯及陡坡地段应设置明显交通标志。与铁路交叉处应设置专人照管，并设置信号装置和落杆。

（2）靠近河流和陡壁处的道路，应设置护栏和明显警告标志。

（3）场内行驶斗车、平车的轨道应平坦顺直，纵坡不得大于 3%，车辆应装制动闸，铁路终点应设置倒坡和车挡。车辆制动闸必须始终保持有效、良好状态，应经常检试。

（4）生产生活用水应进行鉴定，其水质必须符合国家现行标准，对水源应采取保护措施，防止水质污染。为确保人的安全，生产生活用水应要求采取节水处理措施，使水质符合现行国家标准，并保护好水源。同时供水量必须满足生产生活用水的要求，并应考虑消防用水便利和需要。

（5）场内架设的临时线路必须用绝缘物支持并应稳固，不得将电线缠绕在钢筋、树木或脚手架上。

（6）电工在接近高压线操作时，其安全距离为：10kV 以下不得小于 0.7m；20～35kV 不得小于 1m；44kV 不得小于 1.2m。否则，必须停电后，方可操作。

（7）场内架设的临时线路应绝缘良好，悬挂高度及线间距必须符合电业部门的安全规定。

（8）各种电器设备应配有专用开关，室外使用的开关、插座应外装防水箱并加锁，在操作处加设绝缘垫层，以确保使用安全。

（9）在三相四线制中性点接地供电系统中，电器设备的金属外壳应做接零保护；在非三相四线制供电系统中，电器设备的金属外壳应做接地保护，其接地电阻应不大于 4Ω，并不得在同一供电系统上有的接零有的接地。

（10）各种电器设备的检查维修，一般应停电作业；如必须带电作业时，应有可靠的安全措施并派专人监护。

（11）工地安装变压器必须符合电业部门的要求，并设专人管理。施工用电要尽量保持相互平衡。

（12）现场的变（配）电设备处，必须有灭火器材和高压安全工具。非电工作人员严禁接近带电设备。

（13）使用高温灯具，要防止失火，其与易燃物的距离不得小于2m，一般电灯泡距易燃物品不得小于50cm。

（14）移动式电气机具设备应用橡胶电缆供电，并经常注意理顺；跨越道路时，应埋入地下或做穿管保护。

（15）遇有雷雨天气不得爬杆带电作业，在室外无特殊防护装置时必须使用绝缘拉杆拉闸。

（16）施工现场的临时照明，应满足：

① 室内照明线路应用瓷夹固定。

② 电线接头应牢固，并用绝缘胶带包扎。

③ 熔断器应按用电负荷量装设。

（17）能产生大量蒸汽、气体、粉尘的工作场所应使用密闭式电气设备。有爆炸危险的工作场所应使用防爆型电气设备。

（18）电气设备的传动带、转轮、飞轮等外露部位必须安设防护罩。

（19）检修电气设备时，应按下列要求进行：

① 电气设备的检修必须由电工进行，他人不得任意操作。

② 工作中如遇停电应拉下开关，切断电源；检修结束必须仔细检查各项设备的情况，没有异常，方可开闸。

③ 大型电气设备检修应在切断电源、设好防护后进行，并在开关处设置警示标牌，工作完成后才能拆除；如需进行送电试验时，必须在认真检查并与有关部门联系后，方可进行。

4.3　施工机械的安全要点

随着装饰装修工程施工机械化的发展，施工机械的品种和数量越来越多，科技含量也越来越高，因此，必须重视施工机械的安全要求。

1）操作人员在工作中不得擅离岗位，不得操作与本人所获得的操作证不相符合的机械，不得将机械设备交给无本机种操作证的人员操作，以确保人的安全和机械的完好。

2）操作人员必须按照本机说明书规定，严格执行工作前检查、工作中注意观察、工作后检查保养的制度。

（1）工作前应检查：

① 工作场地周围有无妨碍工作的障碍物。如有应在开工前进行妥善处理。

② 油、水、电及其他保证机械设备正常运转的条件是否完备。

③ 安全、操作机构是否灵活可靠。

④ 指示仪表、指示灯显示是否正常可靠。

⑤ 油温、水温是否达到正常使用温度。

（2）工作中应注意观察：

① 指示灯和仪表、工作和操作机构有无异常。

② 工作场地有无异常变化。

（3）工作后应检查保养：

① 操作机构有无过热、松动或其他故障。

② 参照例行保养规定进行例保作业。

③ 做好下一班的准备工作。

④ 填写好机械操作履历表。

3）驾驶室或操作室内应保持整洁，严禁存放易燃、易爆物品。

4）严禁酒后操作机械，严禁机械带故障运转或超负荷运转。

5）机械设备在现场停放时，应选择安全的停放点，关闭好驾驶室（操作室），要拉上驻车制动闸。坡道上停车时，要用三角木或石块抵住车轮。夜间应有专人看管。

6）用手柄启动的机械应注意防止手柄倒转伤人，向机械内加油时，附近应严禁烟火。

7）柴、汽油机的正常工作温度应保持在 $60\sim90℃$ 之间，温度在 $40℃$ 以下时不得带负荷工作。

8）对用水冷却的机械，当气温低于 $0℃$ 时，工作后应及时放水，或采取其他防冻措施，以防冻裂机体。

9）放置电动机的地点必须保持干燥，周围不得堆放杂物和易燃品。启动高压电开关及高压电机时，应戴绝缘手套，穿绝缘胶鞋。

5 脚手架工程施工安全技术

5.1 扣件式钢管脚手架

5.1.1 落地式双排扣件式钢管脚手架

落地式双排扣件式钢管脚手架构配件示意图见图 5-1。

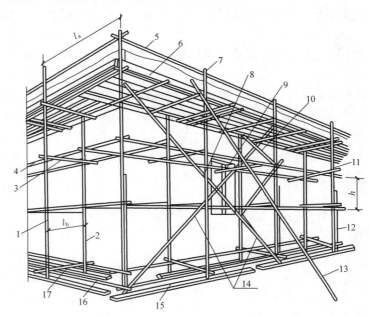

图 5-1 落地式双排扣件式钢管脚手架构配件示意图

1—外立杆；2—内立杆；3—横向水平杆；4—纵向水平杆；5—栏杆；6—挡脚板；7—直角
扣件；8—旋转扣件；9—连墙杆；10—横向斜撑；11—主立杆；12—副立杆；13—抛撑；
14—剪刀撑；15—垫板；16—纵向扫地杆；17—横向扫地杆

5.1.2 落地式双排扣件式钢管脚手架构配件的要求

1. 钢管

（1）钢管应采用现行国家标准 GB/T 13793—2016《直缝电焊钢管》或 GB/T 3091—2015《低压流体输送用焊接钢管》中规定的 3 号普通钢管，其质量应符合现行国家标准 GB/T 700—2006《碳素结构钢》中 Q2357A 级钢的规定。

（2）钢管宜采用 $\phi 48 \times 3.5$ 钢管。每根钢管的质量不应大于 25kg。

（3）钢管应有产品质量合格证和质量检验报告。

（4）钢管表面应平直光滑，不应有裂缝、结疤、分层、错位硬弯、毛刺、压痕和深的划道。

（5）钢管外径与壁厚偏差应小于 0.5mm。钢管两端面切斜偏差不应大于 1.7mm。钢管外表面锈蚀深度不大于 0.5mm。钢管的弯曲应符合规范要求。

（6）严禁将外径 48mm 的钢管与外径 51mm 的钢管混合使用。

（7）钢管必须涂有防锈漆。钢管上严禁打孔。

（8）旧钢管锈蚀检查应每年进行一次。当锈蚀深度超过规定值时，不得使用。

2. 扣件

扣件有直角扣件、旋转扣件、对接扣件及根据防滑要求增设的非连接用的防滑扣件等几种。

1）扣件的质量要求

（1）扣件应采用可锻铸铁制成。新扣件应有生产许可证、法定检测单位的测试报告和产品质量合格证，其材质应符合现行国家标准 GB 15831—2006《钢管脚手架扣件》的规定；

（2）旧扣件使用前应进行质量检查，有裂缝、变形的严禁使用，出现滑丝的螺栓必须更换；

（3）采用的扣件，在螺栓拧紧扭力矩达 65N·m 时，不得发生破坏；

（4）新旧扣件均应进行防腐防锈处理。

2）扣件的安装要求

（1）扣件规格必须与钢管外径（φ48 或 φ51）相同；

（2）螺栓拧紧扭力矩应不小于 40N·m，且不应大于 65N·m；

（3）在主节点处固定横向水平杆、纵向水平杆、剪刀撑、横向斜撑等作用的直角扣件、旋转扣件的中心点相互距离不应大于 150mm；

（4）对接扣件开口应朝上或朝内；

（5）各杆件端头伸出扣件盖板边缘的长度不应小于 100mm。

3. 脚手板

（1）脚手板可采用钢、木、竹材料制成，每块质量不宜大于 30kg。

（2）冲压钢脚手板的材质应符合现行国家标准 GB/T 700—2006《碳素结构钢》中 Q235A 级钢的规定。尺寸偏差应符合要求，且不得有裂纹、开焊与硬弯。

（3）新脚手板应有产品质量合格证。新旧脚手板均应涂防锈漆。

（4）木脚手板应采用杉木或松木制作，其材质应符合现行国家标准 GB 50005—2017《木结构设计规范》中Ⅱ级材质的规定。脚手板的厚度不应小于 50mm，宽度不宜小于 200mm，两端应各设直径为 4mm 的镀锌钢丝箍两道。被腐蚀的脚手板不得使用。

（5）竹脚手板宜采用由毛竹或楠竹制作的竹串片板、竹篱板。竹串片是用螺栓将侧立的竹片并列连接而成的，螺栓直径为 8～10mm，间距为 500～600mm，板长一般为 2～2.5m，宽度为 250mm，板厚一般不小于 50mm。竹篱板是用平放带竹青的竹片纵横编织而成的，每根竹片宽度不小于 30mm，厚度不小于 8mm。横筋一反一正，边缘纵横筋相交点用铁丝扎紧，板长一般为 2～2.5m，宽度为 0.8～1.2m。虫蛀、枯脆、松散的竹脚板不得使用。

5.1.3 搭设要求

1. 脚手板

（1）作业层脚手板应铺满、铺稳，离开墙面 120～150mm。

（2）冲压钢脚手板、木脚手板、竹串片脚手板应设置在三根横向水平杆上。当脚手板长度小于 2m 时，可采用两根横向水平杆支撑，但应将脚手板两端与其可靠固定，严防倾翻。此三种脚手板的铺设可采用对接平铺，也可采用搭接铺设，脚手板对接平铺时，接头处必须设两根横向水平杆，脚手板外伸长度应取 130～150mm，两块脚手板外伸长度的和不应大于 300mm；脚手板搭接铺设时，接头必须支在横向水平杆上，搭接长度应大于 200m，其伸出横向水平杆的长度不应小于 100mm。

（3）竹笆脚手板应按其主竹筋垂直于纵向水平杆方向铺设，且应采用对接平铺，四个角应用直径 1.2mm 的镀锌钢丝固定在纵向水平杆上。

（4）作业层端部脚手板探头长度值取 150mm，板两端均应与支撑杆可靠固定。

（5）在拐角、斜道平台处的脚手板，应与横向水平杆可靠连接，防止滑动。

2. 纵向、横向水平杆

1）纵向水平杆的搭设要求

（1）纵向水平杆宜设置在立杆内侧，其长度不宜小于 3 跨。

（2）纵向水平杆接长宜采用对接扣件连接，也可采用搭接。

（3）对接、搭接应符合下列规定：

对接扣件应交错布置，两根相邻纵向水平杆的接头不应直接设置在同步或同跨内，不同步或不同跨的两个相邻接头在水平方向错开的距离不应小于 500mm，各接头中心至最近主节点的距离不宜大于纵向距离的 1/3。

搭接长度不应小于 1m，应等间距设置 3 个旋转扣件固定，端部扣件盖板边缘至搭接纵向水平杆杆端的距离不宜大于纵向距离的 1/3。

（4）在封闭型脚手架的同一步中，纵向水平杆应四周交圈，用直角扣件与内部外角部立杆固定。

（5）当使用冲压钢脚手板、木脚手板、竹串片脚手板时，纵向水平杆应作为横向水平杆的支座用直角扣件固定在立杆上；当使用竹笆脚手板时，纵向水平杆应采用直角扣件固定在横向水平杆上，并应等间距设置，间距不应大于 400mm，如图 5-2 所示。

2）横向水平杆的搭设要求

（1）主节点处必须设置一根横向水平杆，用直角扣件扣接且严禁拆除。主节点处两个直角扣件的中心距不应大于 150mm。在双排脚手架中，靠墙一端的外伸长度 a，如图 5-3 所示，不应大于 $0.4l_o$，且不应大于 500mm。

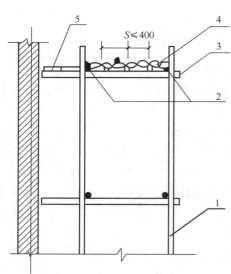

图 5-2　铺竹笆脚手板时纵向水平杆的构造
1—立杆；2—纵向水平杆；3—横向水平杆；
4—竹笆脚手板；5—其他脚手板

（2）作业层上非主节点处的横向水平杆，宜根据支承脚手板的需要等间距设置，最大间距不得大于纵距的1/2。

（3）当使用冲压钢脚手板、木脚手板、竹串片脚手板时，横向水平杆两端均应采用直角扣件固定在纵向水平杆上。

（4）使用竹笆脚手板时，横向水平杆两端应用直角扣件固定在立杆上。

（5）双排脚手架横向水平杆的靠墙一端至墙装饰面的距离不宜大于100mm。

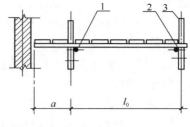

图 5-3 横向水平杆的构造
1—横向水平杆；2—纵向水平杆；3—立杆

3. 立杆

1）立杆基础的要求

（1）脚手架整体承压部位的回填土必须夯实。脚手架底座底面标高宜高于自然地坪50mm。基础的横距宽度不小于2m，并应有排水措施。

（2）一般脚手架可将由钢板、钢管焊接而成的立杆底座（图5-4）直接放置在夯实的原土上，或在底座下加垫板，垫板宜采用长度不少于2跨、厚度不小于50mm的木垫板，也可采用槽钢，然后把立杆插在底座内。

（3）高层脚手架，应在坚实平整的土层上，铺100mm厚道渣，再放置混凝土垫块，上面纵向仰铺统长12～16号槽钢，立杆放置于槽钢上，如图5-5所示。

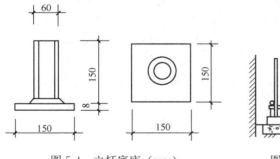

图 5-4 立杆底座（mm）

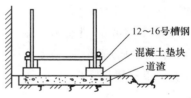

图 5-5 高层脚手架立杆铺设

（4）脚手架一经搭设，其基础附近不得随意开挖。

2）立杆的搭设要求

（1）立杆接头除在顶层可采用搭接外，其余各接头必须采用对接扣件连接。

（2）立杆上的对接扣件应交叉布置，两个相邻立杆接头不应设在同步同跨内，两相邻立杆接头在高度方向错开距离不应小于500mm，各接头中心距主节点的距离不应大于步距的1/3。

（3）立杆的搭接长度不应小于1m，应采用不多于2个扣件固定。端部扣件盖板的边缘至杆端距离不应小于100mm。

（4）立杆顶端宜高出女儿墙上皮1m，高出檐口上皮1.5m。

（5）双根钢管立杆应沿脚手架纵向并列，由主立杆和副立杆用扣件紧固组成。副立杆的高度不应低于 3 步，钢管长度不应小于 6m，扣件数量不应少于 2 个。

（6）开始搭设立杆时，应每隔 6 跨设置一根抛撑，直至连墙件安装稳定后，方可根据情况拆除。

（7）当搭至有连墙件的构造点时，在搭设该处的立杆、纵向水平杆、横向水平杆后，应立即设置连墙件。

4. 脚手架连墙件

（1）连墙件布置的最大竖向间距为步距的 3 倍，最大水平间距为纵距的 3 倍。

（2）连墙杆宜靠近主节点设置，偏离主节点的距离不应大于 300mm。

（3）连墙杆应从底层第一步纵向水平杆处开始设置。当该处设置有困难时，应采用其他可靠措施固定。

（4）连墙杆的排列形式有梅花形（菱形）和井字形（方形、矩形）两种。据有关理论分析，在同等条件下，梅花形排列的架体临界荷载可提高 10% 以上，因此应提倡梅花形排列。

（5）一字形、开口形脚手架的两端必须设置连墙杆，连墙杆的垂直间距不应大于建筑物的层高，并不应大于 4m（2 步）。

（6）连墙件中的连墙杆或拉筋宜成水平设置。当不能水平设置时，与脚手架连接的一端应采用下斜连接，不应采用上斜连接。

（7）对高度在 24m 以下的双排脚手架，宜采用刚性连墙杆，也可采用拉筋和顶撑配合使用的附墙连接方式，严禁使用仅有拉筋的柔性连墙件。

（8）对高度在 24m 以上的双排脚手架，必须采用刚性连墙件与建筑物可靠连接。

（9）当脚手架下部暂不能设连墙件时，可搭设抛撑。抛撑应采用通长杆件与脚手架可靠连接，与地面的倾角应在 45°～60°之间。连接点中心至主节点的距离不应大于 300mm。抛撑应在连墙件搭设后方可拆除。

（10）架高超过 40m，且有风涡流作用时，应采取抗上升翻流作用的连墙措施。

（11）当脚手架施工操作层高出连墙件 2 步时，应采取临时稳定措施，直到上一层连墙件搭设完成后方可根据情况拆除。

5. 剪刀撑与横向斜撑

1）剪刀撑的设置要求

（1）每道剪刀撑跨越立杆的根数宜按表 5-1 的规定确定，每道剪刀撑宽度不应小于 4 跨，且不应小于 6m，斜杆与地面的倾角宜在 45°～60°之间。

表 5-1　剪刀撑跨越立杆的根数

剪刀撑斜杆与地面的倾角	45°	50°	60°
剪刀撑跨越立杆的根数	7	6	5

（2）高度在 24m 以下的单、双排脚手架，均必须在外侧立面的两端各设置一道剪刀撑，并应由底至顶连续设置。中间各道剪刀撑之间的净距不应大于 15m。

（3）高度在 24m 以上的双排脚手架应在外侧立面整个长度和高度上连续设置剪刀撑。

（4）剪刀撑斜杆的接长宜采用搭接。搭接长度不小于 1m，应采用不少于 2 个旋转扣件固定。

（5）剪刀撑斜杆应用旋转扣件固定在与之相交的横向水平杆的伸出端或立杆上，旋转扣件中心线离主节点的距离不宜大于 150mm。

（6）剪刀撑应随立杆、纵向和横向水平杆等同步搭设，各底层斜杆下端均必须支承在垫块或垫板上。

2）横向斜撑的设置规定

（1）横向斜撑宜在同一节间，由底到顶呈之字形连续设置。

（2）一字形、开口形双排脚手架的两端均必须设置横向斜撑，中间宜每隔 6 跨设置一道。

（3）高度在 24m 以下的封闭性双排脚手架，可不设横向斜撑；高度在 24m 以上的封闭性脚手架，除拐角应设置横向斜撑外，中间应每隔 6 跨设置一道。

6. 栏杆、挡脚板、扫地杆

1）栏杆、挡脚板的搭设要求

（1）栏杆和挡脚板均应搭设在外立杆的内侧；

（2）上栏杆上皮高度为 1.2m；

（3）挡脚板高度不应小于 180mm；

（4）中栏杆应居中设置，如图 5-6 所示。

2）扫地杆的设置要求

脚手架必须设置纵、横向扫地杆。纵向扫地杆应采用直角扣件固定在距底座上方不大于 200mm 处的立杆上。横向扫地杆也应采用直角扣件固定在紧靠纵向扫地杆下方的立杆上。当立杆基础不在同一高度上时，必须将高处的纵向扫地杆向低处延长两跨与立杆固定，高低差不应大于 1m。靠边坡上方的立杆轴线到边坡的距离不应小于 500mm。

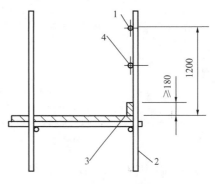

图 5-6 栏杆与挡脚板构造
1—上栏杆；2—外立杆；
3—挡脚板；4—中栏杆

7. 脚手架门洞和斜道

1）门洞

（1）双排脚手架门洞宜采用上升斜杆、平行弦杆桁架结构形式，斜杆与地面的倾角应在 45°～60°之间，如图 5-7 所示。

门洞桁架的形式宜按下列要求确定：

① 步距（h）小于纵距（l_a）时，直采用 A 型；

② 步距（h）大于纵距（l_a）时，应采用 B 型，并应符合下列规定：

$h=1.8$m 时，l_a 不应大于 1.5m；

$h=2.0$m 时，l_a 不应大于 1.2m。

（2）双排脚手架门洞桁架的构造应符合下列规定：双排脚手架门洞处的空间桁架，除下弦平面外，应在其余 5 个平面内的图示节间设置一根斜腹杆（如图 5-7 中 1—1、2—2、3—3 剖面）。

（3）斜腹杆宜采用旋转扣件固定在与之相交的横向水平杆的伸出端上，旋转扣件中心线至主节点的距离不宜大于 150mm。当斜腹杆在跨内跨越两个步距［如图 5-7（a）所示］时，宜在相交的纵向水平杆处，增设一根横向水平杆，将斜腹杆固定在其伸出端上。

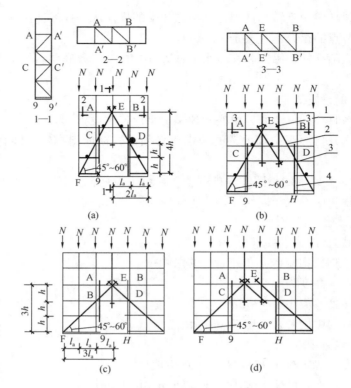

图 5-7　门洞处上升斜杆、平行弦杆桁架

1—防滑扣件；2—增设的横向水平杆；3—副立杆；4—主立杆

（a）挑空一根立杆（A 型）；（b）挑空两根立杆（A 型）

（c）挑空一根立杆（B 型）；（d）挑空两根立杆（B 型）

（4）斜腹杆宜采用通长杆件。当必须接长使用时，宜采用对接扣件连接，也可采用连接。

（5）门洞桁架下的两侧立杆应为双管立杆，副立杆高度应高于门洞口 1～2 步。

（6）门洞桁架中伸出上下弦杆的杆件端头，均应增设一个防滑扣件，该扣件宜紧靠主节点处的扣件。

2）斜道

（1）人行并兼作材料运输的斜道形式的确定

① 高度不大于 6m 的脚手架，宜采用一字形斜道；

② 高度大于 6m 的脚手架，宜采用之字形斜道。

（2）斜道构造的规定

① 斜道宜附着外脚手架或建筑物设置。

② 运料斜道的宽度不宜小于 15m，坡度宜采用 1∶6；人行斜道的宽度不宜小于 1m，坡度宜采用 1∶3。

③ 拐弯处应设置平台，其宽度不应小于斜道宽度。

④ 斜道两侧及平台外围均应设置栏杆及挡脚板。栏杆高度应为 1.2m，挡脚板高度不应小于 180mm。

⑤ 运料斜道两侧、平台外面和端部均应设置连墙件，每两步应加设水平斜撑，设置剪刀撑和横向斜撑。

（3）斜道脚手板构造的规定

① 脚手板横铺时，应在横向水平杆下增设纵向支托杆，纵向支托杆的间距不应大于 500mm。

② 脚手板顺铺时，接头宜采用搭接。下面的板头应压住上面的板头，板头的凸棱处宜采用三角木填顺。

③ 人行斜道和运料斜道的脚手板上应每隔 250～300mm 设置一个防滑木条，木条厚度宜为 20～30mm。

5.1.4　安全管理

1. 施工

（1）单位工程责任人应按施工组织设计中有关脚手架的要求，向架设和使用人员进行技术交底。

（2）应按施工组织设计的要求对钢管、扣件、脚手板等进行检查验收、不合格产品不得使用。经检验合格的构配件应按品种、规格分类，堆放整齐、平稳，堆放场地不得有积水。

（3）应清除搭设场地杂物，平整搭设场地，并使排水畅通。

（4）当脚手架基础下有设备基础、管沟时，在脚手架使用过程中不应开挖，否则必须采取加固措施。

（5）脚手架地基与基础的施工，必须根据脚手架搭设高度、搭设场地土质情况与现行国家标准的有关规定进行。脚手架基础施工经验收合格后，应按施工组织设计的要求放线定位。

（6）脚手架必须配合施工进度搭设，一次搭设高度不应超过相邻连墙件两步以上。

（7）每搭完一步脚手架后，应按规定校正步距、纵距、横距及立杆的垂直度。

2. 拆除

1）拆除脚手架前的准备工作

（1）应全面检查脚手架的扣件连接、连墙件、支撑体系等是否符合构造要求。

（2）应根据检查结果补充、完善施工组识设计中的拆除顺序和措施，经主管部门批准后方可实施。

（3）应由单位工程责任人进行拆除安全技术交底。

（4）应清除脚手架上杂物及地面障碍物。

2）拆除脚手架的规定

（1）拆除作业必须由上而下逐层进行，严禁上下同时作业。

（2）连墙件必须随脚手架逐层拆除。严禁先将连墙件整层或数层拆除后再拆脚手架。分段拆除高差不应大于 2 步，如高差大于 2 步，应增设连墙件加固。

（3）当脚手架拆至下部最后一根长立杆的高度（约 6.5m）时，应先在适当位置搭设临时斜撑加固后，再拆除连墙件。

（4）当脚手架采取分段、分立面拆除时，对不拆除的脚手架两端，应先按规定设置连墙件和横向斜撑加固。

3）卸料的规定

（1）各构配件严禁抛掷至地面；

（2）运至地面的构配件应按规定及时检查、整修与保养，并按品种、规格随时码堆存放。

3. 管理

（1）脚手架搭设人员必须是经过《特种作业人员安全技术培训考核管理办法》考核合格的专业架子工。上岗人员应定期体检，合格者方可持证上岗。

（2）搭设脚手架人员必须戴安全帽、系安全带、穿防滑鞋。

（3）脚手架的构配件质量与搭设质量，应按规定进行检查验收，合格后方可使用。

（4）作业层上的施工荷载应符合设计要求，不得超载。不得将模板支架、缆风绳、泵送混凝土和砂浆的输送管等固定在脚手架上。严禁悬挂起重设备。

（5）当有六级及六级以上大风和雾、雨、雪天气时，应停止脚手架搭设与拆除作业。雨、雪后上架作业应有防滑措施，并应扫除积雪。

（6）脚手架的安全检查与维护，应按规定进行。安全网应按有关规定搭设或拆除。

（7）在脚手架使用期间，严禁拆除下列杆件：主节点处的纵、横向水平杆，纵、横向扫地杆；连墙件。

（8）不得在脚手架基础及其邻近处进行挖掘作业，否则应采取安全措施，并报主管部门批准。

（9）临街搭设脚手架时，外侧应有防止坠物伤人的防护措施。

（10）在脚手架上进行电、气焊作业时，必须由防火措施和专人看守。

（11）工地临时用电线路的架设及脚手架接地、避雷措施等，应按现行行业标准 JGJ 46—2012《施工现场临时用电安全技术规范（附条文说明)》的有关规定执行。

（12）搭脚手架时，地面应设围栏和警戒标志，并派专人看守，严禁非操作人员入内。

5.2　门式钢管脚手架

5.2.1　门式钢管脚手架的适用范围

（1）结构架：搭设高度不宜超过 45m；

（2）装饰架：搭设高度不宜超过 60m；

（3）满堂架：搭设高度不宜超过 10m。

5.2.2　门式钢管脚手架的组成

（1）门式钢管脚手架的组成，如图 5-8 所示。

（2）门架是门式钢管脚手架的主要构件，由立杆、横杆及加强杆焊接组成，如图 5-9 所示。

5.2.3　材质要求

（1）门架及配件的规格、性能及质量应符合现行行业标准，并应有出厂合格证明书及产品标志。

（2）水平加固杆、封口杆、扫地杆、剪刀撑及脚手架转角处的连接杆等宜采用 42×2.5 焊接钢管，也可采用 48×3.5 焊接钢管。

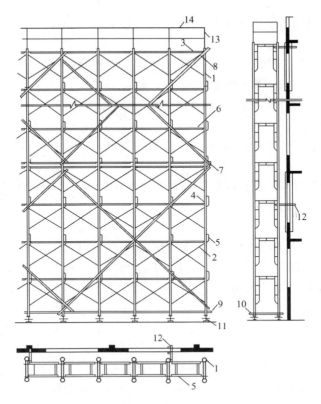

图 5-8 门式钢管脚手架的组成

1—门架；2—交叉支撑；3—脚手板；4—连接棒；5—锁臂；6—水平架；
7—水平加固杆；8—剪刀撑；9—扫地杆；10—封口杆；11—底座；
12—连墙杆；13—栏杆；14—扶手

（3）钢管应平直，平直度允许偏差为管长的 1/500，两端面应平整，不得有斜口、毛口。严禁使用有硬伤（硬弯、砸弯）及严重锈蚀的钢管。

5.2.4 搭设要求

1. 地基与基础

（1）搭设脚手架的场地必须平整坚实，并做好排水措施，回填土必须分层回填，逐层夯实；

（2）当脚手架搭设在结构的楼面、挑台上时，立杆底座下应铺设垫板或混凝土垫块，并应对楼面或挑台等结构进行承载力验算；

（3）基础上应先弹出门架立杆位置线，垫板、底座安放位置应准确。

2. 门架

（1）门架跨距应符合现行行业标准 JG 13—1999《门式钢

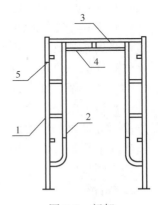

图 5-9 门架

1—立杆；2—立杆加强杆；
3—横杆；4—横杆加强杆；
5—锁销

管脚手架》的规定，并与交叉支撑规格配合。

（2）门架立杆离墙面净距不宜大于150mm。大于150mm时，应采取内挑架板或其他离口防护的安全措施。

（3）门架安装应自一端向另一端延伸，并逐层改变搭设方向，不得相对进行。搭完一步架后，应按要求检查并调整其水平度与垂直度。

（4）不配套的门架与配件不得混合使用于同一脚手架。

3．转角处门架连接

在建筑物转角处的脚手架内外两侧应按步设置水平连接杆，将转角处的两门架连成一体。

水平连接杆应采用钢管，其规格应与水平加固杆相同。此外，水平连接杆还应采用扣件与门架立杆及水平加固杆扣紧。

4．配件

1）交叉支撑、水平架或脚手板应紧随门架的安装及时设置。

2）门架的内外两侧均应设置交叉支撑，并应与门架立杆上的锁销锁牢。

3）上、下（榀）门架的组装必须设置连接棒及锁臂，连接棒直径应小于立杆内径1～2mm。

4）在脚手架的操作层上应连续满铺与门架配套的挂扣式脚手板，并扣紧挡板，防止脚手板脱落和松动。

5）连接门架与配件的锁臂、搭钩必须处于锁住状态。

6）水平架或脚手板应在同一步内连续设置，脚手板应满铺。

7）底层钢梯的底部应加设钢管并用扣件扣紧在门架的立杆上，钢梯的两侧均应设置扶手。每段梯可跨越两步或三步门架再行转折。

8）栏板（杆）、挡脚板应设置在脚手架操作层外侧、门架立杆的内侧。

9）水平架设置应符合下列规定：

（1）在顶层门架上部、连墙件设置层、防护棚设置处必须设置水平架。

（2）当脚手架搭设高度≤45m时，沿脚手架高度，水平架应至少两步一设；当脚手架搭设高度＞45m时，水平架每步一设。不论脚手架多高，均应在脚手架的转角处、端部及间断处的一个跨距范围内每步一设。

（3）水平架在其设置层面内应连续设置。

（4）当因施工需要，临时局部拆除脚手架内侧交叉支撑时，应在拆除交叉支撑的门架上方及下方设置水平架。

（5）水平架可由挂扣式脚手板或门架两侧设置的水平加固杆代替。

10）底步门架的立杆下端应设置固定底座或可调底座。

5．加固件

1）加固杆、剪刀撑必须与脚手架同步搭设。

2）水平加固杆应设于门架立杆内侧，剪刀撑应设于门架立杆外侧并连牢。

3）剪刀撑的设置应符合下列规定：

（1）脚手架高度超过20m时，应在脚手架外侧连续设置；

（2）剪刀撑斜杆与地面的倾角宜为45°～60°，剪刀撑宽度宜为4～8m；

（3）剪刀撑应采用扣件与门架立杆紧扣；

（4）剪刀撑斜杆若采用搭接接长，搭接长度不宜小于600mm，搭接处应采用两个扣件紧扣。

4）水平加固杆的设置应符合以下规定：

（1）当脚手架高度超过20m时，应在脚手架外侧每隔4步一道，并宜在有连墙件的水平层设置；

（2）设置纵向水平加固杆应连接，并形成水平闭合圈；

（3）在脚手架的底部门架下端加封口杆，门架的内外两侧应设通长扫地杆；

（4）水平加固杆应采用扣件与门架立杆扣牢。

6. 连墙件

（1）连墙件的搭设必须随脚手架搭设同步进行，严禁滞后设置或搭设完毕后补做。

（2）当脚手架操作层高处相邻连墙件以上两步时，应采用确保脚手架稳定的临时拉结措施，直到连墙件搭设完毕后方可拆除。

（3）连墙件宜垂直于墙面，不得向上倾斜，连墙件埋入墙身的部分必须锚固可靠。

（4）连墙件应连于上、下两榀门架的接头附近。

（5）在脚手架转角处、不闭合（一字形、槽形）脚手架的两端应增设连墙件，其竖向间距不应小于4.0m。

（6）在脚手架外侧因设置防护棚或完全网而承受偏心荷载的部位，应增设连墙件，其水平间距不应大于4.0m。

（7）连墙件应能承受拉力与压力，其承载力标准值不应小于10kN。连墙件与门架、建筑物的连接也应具有相应的连接强度。

7. 斜梯

（1）作业人员上下脚手架的斜梯应采用挂扣式钢梯，并宜采用"之"字形式，一个梯段宜跨越两步或三步。

（2）钢梯规格应与门架规格配套，并应与门架挂扣牢固。

（3）钢梯应设栏杆扶手。

8. 通道洞口

（1）通道洞口高不宜大于两个门架，宽不宜大于一个门架跨距。

（2）通道洞口应按以下要求采取加固措施：当洞口宽度为一个跨距时，应在脚手架洞口上方的内外侧设置水平加固杆，在洞口两个上角加斜撑杆；当洞口宽为两个及两个以上跨距时，应在洞口上方设置经专门设计和制作的托架，并加强洞口两侧的门架立杆。

9. 扣件

加固件、连墙件等与门架采用扣件连接时应符合下列规定：

（1）扣件规格应与所连钢管外径相匹配；

（2）扣件螺栓拧紧扭力矩宜为50～60N·m，并不得小于40N·m；

（3）各杆件端头伸出扣件盖板边缘长度不应小于100mm。

5.2.5　验收、拆除与管理

1. 验收

1）脚手架搭设完毕或分段搭设完毕，应按规定对脚手架工程的质量进行检查，经检查合格后方可交付使用。

2）高度在 20m 及 20m 以下的脚手架，应由单位工程负责人组织技术人员进行检查验收。高度大于 20m 的脚手架，应由上一级技术负责人随工程进行分阶段组织单位工程负责人及有关的技术人员进行检查验收。

3）脚手架工程的验收，除应查验有关文件外，还应进行现场检查，应检查以下各项，并计入施工验收报告：

（1）构配件和加固件是否齐全，质量是否合格，连接和挂扣是否紧固可靠；

（2）安全网的张挂及扶手的设置是否齐全；

（3）基础是否平整坚实，支垫是否符合规定；

（4）连墙件的数量、位置和设置是否符合要求；

（5）垂直度及水平度是否合格；

（6）脚手架搭设的垂直度与水平度允许偏差是否符合技术规范的要求。

2. 拆除

拆除脚手架时，应设置警戒区和警戒标志，并由专职人员负责警戒。应清除脚手架上的材料、工具和杂物。拆除应在统一指挥下进行，按后装先拆、先装后拆的顺序及下列安全作业的要求进行：

（1）脚手架的拆除应从一端走向另一端、自上而下逐层进行。

（2）同一层的构配件和加固件应按先上后下、先外后里的顺序进行，最后拆除连墙件。

（3）在拆除过程中，脚手架的自由悬臂高度不得超过两步，当必须超过两步时，应加设临时拉结。

（4）连墙杆、通长水平杆和剪刀撑等，必须在脚手架拆卸到相关的门架时方可拆除。

（5）工人必须站在临时设置的脚手板上进行拆除作业，并按规定使用安全防护用具。

（6）拆除工作中，严禁使用硬物击打、撬挖，拆下的连接棒应放入袋内，锁臂应先传递至地面并放入室内堆存。

（7）拆卸连接部件时，应先将锁座上的锁板与卡钩上的锁片旋转至开启位置，然后开始拆除，不得硬拉，严禁敲击。

（8）拆下的门架、钢管与配件，应成捆用机械吊运或由井架传送到地面，防止碰撞，严禁抛掷。

3. 安全管理与维护

1）脚手架的拆除必须由专业架子工担任。上岗人员应定期进行体检，凡不适于高处作业者，不得上脚手架操作。

2）拆除脚手架时，工人必须戴安全帽、系安全带、穿防滑鞋。

3）操作层上施工荷载应符合设计要求，不得超载。不得在脚手架上集中堆放模板、钢筋等物件。严禁在脚手架上拉缆风绳或固定、架设混凝土泵、泵管及起重设备等。

4）六级及六级以上大风和雨、雷、雾天气停止脚手架的拆除作业。

5）施工期间不得拆除下列杆件：

（1）交叉支撑、水平架；

（2）连墙件；

（3）加固杆件，如剪刀撑、水平加固杆、扫地杆、封口杆等；

（4）栏杆。

6）作业需要时，临时拆除交叉支撑或连墙件应经主管部门批准，并应符合下列规定：

（1）交叉支撑只能在门架的一侧局部拆除。临时拆除后，在拆除交叉支撑的门架上、下层应满铺水平架或脚手架。作业完成后，应立即恢复拆除的交叉支撑。拆除时间较长时，还应加设扶手或安全网。

（2）只能拆除个别连墙件，在拆除前后应采取安全措施，并应在作业完成后立即恢复。不得在竖向或水平向同时拆除两个及两个以上连墙件。

7）在脚手架基础或邻近之处严禁进行挖掘作业。沿脚手架外侧严禁任意攀登。

8）临街搭设的脚手架外侧应有防护措施，以防坠物伤人。

9）脚手架与架空输电线路的安全距离、工地临时用电线路架设及脚手架接地避雷措施等应按现行行业标准 JGJ 46—2005《施工现场临时用电安全技术规范（附条文说明）》的有关规定执行。

10）对脚手架应设专人负责经常进行检查和保修工作。对高层脚手架应定期作门架立杆基础沉降检查，发现问题应立即采取措施。

11）拆下的门架及配件应清除杆件及螺纹上的污物，按品种、规格分类检验、维修、整理存放，妥善保管。

5.3 碗扣式钢管脚手架

碗扣式钢管脚手架搭设要求如下：

（1）搭设时对地基、立杆底座、立杆底部扫地杆的要求同扣件式钢管脚手架。

（2）立杆的接长应错开，内立杆离墙面宜为 350～450mm。立杆的垂直度控制：30m 以下按 1/200 控制，30m 以上按 1/600～1/400 控制，且全高的垂直偏差不得大于 100mm。

（3）钢脚手板的挂钩应完全落在横杆上，木脚手板的两端头应落在搭边横杆的翼边上，不得浮搁，同时在作业层的外侧应加设栏杆和挡脚板。斜脚手板只限定在 1.8m 纵距的脚手架上使用，坡度为 1∶3，并需在相应节点上增设横杆。

（4）斜撑的网格应与架子的尺寸相适应，一般情况应尽量与脚手架的节点相连，但也可错节布置。当脚手架高度低于 30m 时，斜撑杆的布置密度应为整架面积的 1/4～1/2；当脚手架高度大于 30m 时，应为整架面积的 1/3～1/2，且必须双侧对称布置，并应分布均匀。

（5）脚手架横向斜杆的布置应与连墙点相对应。进行作业时间可暂时拆去，作业完成后应立即装上，以确保脚手架的横向稳定。

（6）连墙件与结构的连接方法同门式钢管脚手架。双排脚手架在 10～15m² 范围内设置一个（即大致水平间隔 3～4 根立杆，垂直相隔 3 步）连墙点。架高超过 30m 时，底部应适当加密。单排架可按间隔 3 根立杆和 3 步设一个连墙点。

（7）剪刀撑与连墙件应随搭设高度及时加上，并固定拉接牢靠紧密。

（8）脚手架拼装到 3～5 步时，应用经纬仪检查横杆的水平度和立杆的垂直度。

5.4 挑脚手架、挂脚手架、吊脚手架

5.4.1 挑脚手架

挑脚手架是一种利用悬挑在建筑物上支承结构搭设的脚手架，架体的荷载通过悬挑支承结构传递到主体结构上。

1. 挑脚手架的构造

悬挑支承结构作为挑脚手架的关键部分，必须具有一定的强度、刚度和稳定性。形式一般均为三角形桁架，根据所用杆件的种类不同可分为钢管支承结构和型钢支承结构两类。因钢管支承结构的悬挑脚手架在搭设和使用时存在诸多不安全因素，故不提倡搭设此类脚手架。型钢支承结构的结构形式主要分为悬臂式、下撑式和斜拉式三种。

（1）悬臂式

悬臂式是仅用型钢作悬挑梁外挑，其悬臂长度与搁置长度之比不得小于1∶2，型钢采用预埋圆钢环箍或用电焊进行固定。悬臂式挑脚手架的搭设高度不宜超过10m，如图5-10所示。

（2）下撑式

下撑式是用型钢焊接成三角形桁架，其三角斜撑为压杆，桁架的上下支点与建筑物相连，形成悬挑支承结构，如图5-11所示。

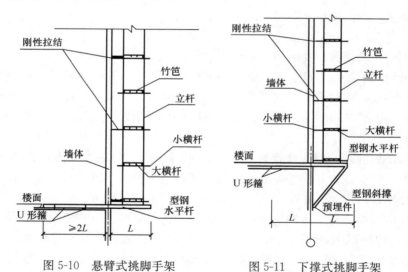

图 5-10   悬臂式挑脚手架   图 5-11   下撑式挑脚手架

（3）斜拉式

斜拉式是用型钢作悬挑梁外挑，再在悬挑端用可调节长度的无缝钢管或圆钢拉杆与建筑物斜拉，形成悬挑支承结构，如图5-12所示。

型钢支承结构的承载力远大于钢管支承结构。

通过设计计算，支承结构上部脚手架搭设高度最高可达25m，但型钢支承结构耗钢量较大，预埋件存在一次性弃损且现场制作精度和安装难度较大等问题。

2. 挑脚手架的搭设及管理

（1）挑脚手架在施工作业前除须有设计计算书外，还应有含具体搭设方法的施工方案。

（2）设计施工荷载应不大于常规取值，即：按三层作业，每层 $2.0kN/m^2$；按二层作业，每层 $3.0kN/m^2$。施工荷载除应在安全技术交底中明确外，还必须在架体上挂限载牌以及操作规程牌。

（3）挑脚手架应实施分段验收，对支承结构必须实行专项验收，并应附上隐蔽工程验收单、混凝土试块强度报告。

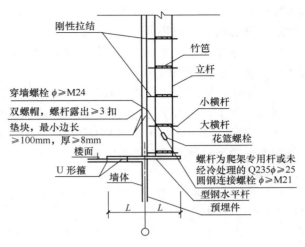

图 5-12 斜拉式挑脚手架

（4）架体外立杆内侧必须设置 1.2m 高的扶手栏杆，施工层及以下连续三步应设置 180mm 高的挡脚手板，架体外侧应用密目式安全网封闭。在架体进行高空组装作业时，除要求操作人员使用安全带外，还应有必要的防止人、物坠落的措施。

5.4.2 挂脚手架

挂脚手架的使用安全要求：

（1）挂脚手架的设计和使用关键是悬挂点，由预埋钢筋环与固定螺栓做成的悬挂点要认真进行设计计算。一般情况下悬挂点水平间距不大于 2m。

（2）由于挂脚手架的附加荷载对主体结构有一定的影响，因此应对主体混凝土强度进行验算或加固。

（3）使用时应严格控制施工荷载和作业人数，一般施工荷载不超过 $1kN/m^2$，每跨同时操作人数不超过两人。

（4）挂脚手架应在地面上组装，然后利用起重机械进行挂装。挂脚手架正式投入使用前，必须经过荷载试验。试验时，荷载至少持续约 4h，以检验悬挂点和架体的强度制作质量。

（5）挂脚手架施工层除设置 1.2m 高防护栏杆和 18cm 高的踢脚板外，架体外侧必须用密目网实施全封闭，架体底部必须封闭隔离。

5.4.3 吊脚手架（吊篮）

吊脚手架的使用安全要求：

1. 手动吊篮

（1）手动吊篮部件中，除手拉葫芦属采购产品外，都为现场拼装，因此施工作业前必须经过设计计算。

（2）吊篮的悬挑梁挑出建筑物长度除不宜大于挑梁全长的 1/4.5 外，还应满足抵抗力矩大于 3 倍的倾覆力矩。挑梁外侧应设有吊点限位，防止吊绳、吊链滑脱。挑梁内侧必须与建筑结构连接牢固，且外侧比内侧高出 50～100mm，外高内低，挑梁间应用纵向水平杆连接以确保挑梁体系的整体性和稳定性。

（3）吊篮外侧和两端应设置 500mm、1000mm 和 1500mm 高三道防护栏杆，内侧设置 600mm 和 120mm 高两道护身栏杆，四周设置 180mm 高的挡脚板，底部用安全网兜底封严。外侧和两端三面必须外包密目式安全网。

（4）当存在交叉作业或上部可能有坠落物时，吊篮顶部必须设置防护顶板，顶板可采用木板、薄钢板或金属网片。

（5）吊篮内侧两端应设置护墙轮等装置，以确保作业时吊篮与建筑物拉牢、靠紧、不晃动。当工作平台为两层时，应设内爬梯，平台爬梯应设置盖板。

（6）吊篮升降时，必须设置直径不小于 12.5mm 的保险钢丝绳或安全锁。所有承重钢丝绳和保险钢丝绳不准有接头，且按有关规定紧固。

2. 电动吊篮

（1）电动吊篮必须具备生产厂家的生产许可证或准用证、产品合格证、安装使用和维修保养说明书、安装图、易损件图、电气原理图、交接线图等技术文件。吊篮的几何长度、悬挑长度、载荷、配重等应符合吊篮的技术参数要求。其电气系统应有可靠的接零装置，接零电阻不大于 0.1Ω。电气控制机构应配备漏电保护器，电气控制柜应有门加锁。

（2）电动吊篮应设有超载保护装置和防倾斜装置。

（3）吊篮使用前应进行荷载试验和试运行验收，确保操作系统、上下限位、提升机、手动滑降、安全锁的手动锁绳灵活可靠。

（4）吊篮升降就位后应与建筑物拉牢固定后才允许人员出入吊篮或传递物品。吊篮使用时，必须遵循设备保险系统与人身保险系统分开的原则，即操作人员安全带必须扣在单独设置的保险绳上。严禁吊篮连体升降，且两篮间距不大于 200m，严禁将吊篮作为运送材料和人员的垂直运输设备使用。严格控制施工荷载，不超载。

（5）吊篮必须在醒目处挂设安全操作规程牌和限载牌，升降交付使用前须履行验收手续。

（6）吊篮操作人员应相对固定，经特种作业人员培训合格后持证上岗，每次升降前应进行安全技术交底。作业时应戴好安全帽、系好安全带。

（7）吊篮的安装、施工区域应设置警戒区。

5.5 承插型盘扣式钢管脚手架

5.5.1 承插型盘扣式钢管脚手架的主要构配件及材质要求

（1）承插型盘扣式钢管脚手架主要构配件和材质要求如表 5-2 所示。

表 5-2 承插型盘扣式钢管脚手架主要构配件和材质

立杆	水平杆	竖向斜杆	水平斜杆	扣接头	立杆连接套管	可调底座、可调托座	可调螺母	连接盘、插销
Q235A	Q235A	Q195	Q235B	ZG230-450	ZG230-450 或 20 号无缝钢管	Q235B	ZG270-500	ZG230-450 或 Q235B

（2）盘扣节点应有焊接于立杆上的连接盘、水平杆件端扣接头和斜杆端扣接头组成，如图 5-13 所示。

（3）插销外表面应与水平杆和斜杆杆端扣接头内表面吻合，插销连接应保证锤击自锁后不拔脱，抗拔力不得小于 3kN。

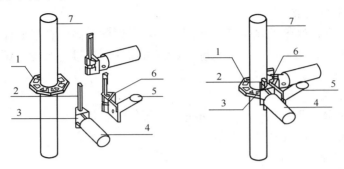

图 5-13　盘扣节点

1—连接盘；2—插销；3—水平杆杆扣接头；

4—水平杆；5—斜杆；6—斜杆杆端扣接头；7—立杆

（4）插销应具有可靠防拔脱构造措施，且应设置便于目视检查楔入深度的刻痕或颜色标记。

（5）立杆盘扣节点间距宜按 0.5m 模数设置，横杆长度宜按 0.3m 模数设置。

5.5.2　承插型盘扣式钢管脚手架的功用和优点

（1）简单、轻巧、容易操作，可快速组装、拆卸；

（2）可快速简单调整架体的垂直度和水平度；

（3）容易固定，不会扭转；

（4）搬运方便；

（5）适合各种不同尺寸的支撑架，配合不同配件，能多功能使用。

5.5.3　搭设流程与安全要求

1. 定位、放样，排放可调底座

（1）地基基础必须满足承载力要求；

（2）作为扫地杆的水平杆离地应小于 550mm；

（3）承载力较大时，宜采用垫板，合理分散上部传力，垫板应平整、无翘曲。

2. 首层立杆安装

（1）安装时，应明确立杆连接套管的位置；

（2）相邻两支立杆宜采取不同长度规格，或相邻立杆连接套管颠倒对错，以保证立杆承插对接接头不在同一水平面上，接头错开长度应大于 7.5cm。

3. 首层横杆安装

（1）根据施工方案，明确横杆步距、规格；

（2）首层安装时，横杆插销不宜先敲紧。

4. 首层架体安装

（1）按照上述步骤，向四周扩展安装；

（2）首层安装时，横杆插销不宜先敲紧。

5. 组成独立单元体

（1）按照上述步骤组成独立单元体，并保证单元体方正，以此向四周扩展安装；

（2）首层安装时，横杆插销不宜先敲紧。

6. 首层架体水平调节

（1）选择某一立杆，将控制标高引测到立杆，并以此标高为首层架体水平控制标高；

（2）采用水准仪、水平尺、水平管等，旋转可调底座螺母，对各立杆标高进行逐一调节控制。

7. 首层斜杆安装

（1）首层架体水平调节完成后，方可进行首层斜杆安装；

（2）斜杆安装时，应与立杆、横杆形成三角形受力体系。

8. 销紧首层横杆、斜杆插销

（1）首层斜杆安装完成后，使用锤子将横杆、斜杆插销逐一锤实，销紧程度以插销刻度线为准；

（2）插销销紧后，对可调底座进行逐一检查，旋紧调节螺母，保证立杆确实到调节螺母限位凹槽内，且无悬空；

（3）完成上述检查后，方可进入上层架体安装。

9. 登高工作梯安装

（1）首层架体安装完成后，需继续向上搭设架体时，应利用工作梯进行登高作业；

（2）工作梯挂钩挂扣好后，应锁好安全销；

（3）当工作梯作为上下施工楼梯使用时，应同步安装专用楼梯扶手和平台栏杆。

10. 登高平台踏板安装

（1）平台踏板挂钩挂扣在横杆上后，应锁好安全销；

（2）作为施工平台时，踏板应满铺，应控制踏板之间的间隙不宜过大。

11. 立杆接长安装

（1）立杆之间应以承插的方式，往上接长搭设，并错开接头位置；

（2）当作业高度超过 2m 时，必须穿防滑鞋和佩戴安全带。安全带直接挂扣在立杆或横杆上，不得挂扣在斜杆上。

12. 重复上述步骤，搭设架体到指定高度

13. 架体搭设检查和验收点

（1）达到设计高度后，应进行全面的检查和验收；

（2）遇 6 级以上大风、大雨、大雪后的特殊情况，应进行全面检查；

（3）停工超过一个月及以上，恢复使用前的架体搭设；

（4）其他特殊情况。

14. 检查和验收要点

（1）地基基础的不利变形或裂缝情况；

（2）架体杆件变形情况；

（3）架体垂直度情况，控制立杆的垂直偏差不应大于 $H/500$，且不得大于 50mm；

（4）插销销紧度情况；

（5）挂钩安全销的工作状态情况；

（6）可调底座调节螺母的旋紧情况；

（7）顶、底层悬臂长度符合设计限定要求的情况。

15. 架体拆除

（1）架体拆除时应按照施工方案设计的拆除顺序进行；

（2）拆除作业必须按照先搭后拆、后搭先拆的原则，从顶层开始，逐层向下进行，严禁上下层同时拆除；

（3）拆除时的构配件应成捆吊运或人工传递至地面，严禁抛掷；

（4）分段、分立面拆除时，应确定分解处的技术处理方案，保证分段后临时结构的稳定。

5.5.4 其他安全注意事项

（1）脚手架施工前应根据施工对象情况、地基承载力、搭设高度等，按要求编制专项施工方案，并经审批后方可实施。

（2）架子搭设操作人员应持证上岗。搭设前，施工管理人员应按要求对操作人员进行技术和安全作业交底。

（3）进入现场的钢管支架和构配件质量应在使用前进行复验。

（4）经验收合格的构配件应按品种、规格分类码放，堆放场地应排水畅通、无积水。

（5）脚手架搭设场地必须平整、坚实，有排水措施。

（6）脚手架使用期间，不得擅自拆除架体结构构件。

（7）在架体上进行电焊作业时，必须有防火措施和专人监护。

（8）作业层应满铺脚手板，外侧设置挡脚板和防护栏杆。

（9）脚手架拆除时，应划出安全区，设置警戒标志，并派人看管。

6　高处作业安全技术

6.1　高处作业安全的基本要求

（1）高处作业的安全技术措施必须列入工程的施工组织设计。

（2）高处作业必须逐级进行安全技术教育及交底。

（3）搭设高处作业安全设施的人员，必须经专门培训并考核合格后方可上岗，且应定期进行身体检查。

（4）遇恶劣天气不得进行露天攀登与悬空高处作业。

（5）用于高处作业的防护设施，不得擅自拆除。确因作业需要临时拆除必须经项目经理部施工负责人同意，并采取相应的可靠措施，作业后应立即恢复。

（6）高处作业的防护设施在搭拆过程中应相应设置警戒区并派人监护，严禁上、下同时拆除。

（7）高处作业安全设施的主要受力杆件，力学计算按一般结构力学公式，强度及刚度计算不考虑塑性影响，构造应符合现行的相应规范的要求。

（8）高处作业应建立落实各级安全生产责任制。对高处作业安全设施，应做到防护要求明确，技术合理，经济适用。

（9）雨天和雪天进行高处作业时，必须采取可靠的防滑、防寒和防冻措施。凡水、冰、霜、雪均应及时清除。

（10）防护棚搭设与拆除时，应设警戒区，并应派专人监护。严禁上、下同时拆除。

6.2　临边防护栏杆的搭设要求

搭设临边防护栏杆时，必须符合下列要求：

1）防护栏杆应由上、下两道横杆及栏杆柱组成，上杆离地高度为 1.0～1.2m，下杆离地高度为 0.5～0.6m。坡度大于 1：2.2 的屋面防护栏杆应高 1.5m，并加挂安全立网。除经设计计算外，横杆长度大于 2m 时，必须加设栏杆柱。

2）栏杆柱的固定应符合下列要求：

（1）当在混凝土楼面、墙面固定时，可用预埋件与钢管或钢筋焊牢。采用竹、木栏杆时，可在预埋件上焊接 30cm 长的 L50×5 角钢，其上下各钻一孔，然后用 10mm 的螺栓与竹、木杆件拴牢。

（2）当在砖或砌块等砌体上固定时，可预先砌入规格相适应的 80×6 弯转扁钢作预埋铁的混凝土块，然后用上项方法固定。

（3）栏杆柱的固定及其与横杆的连接其整体构造应使防护栏杆在上杆任何处，都能经受任何方向的 1000N 外力。当栏杆所处位置有发生人群拥挤、车辆冲击或物件碰撞等可能时，应加大横杆面或加密柱距。

（4）防护栏杆必须自上而下用安全立网封闭，或在栏杆下边设置严密固定的高度不低于 18cm 的挡脚板或 40cm 的挡脚笆。挡脚板与挡脚笆上如有孔眼，不应大于 25mm。板与笆下边距离底面的空隙不应大于 10mm。接料平台两侧的栏杆，必须自上而下加挂安全立网或满扎竹笆。

（5）当临边的外侧面临街道时，除防护栏杆外，敞口立面必须采用满挂安全网或其他可靠措施，作全封闭处理。

6.3 洞口高处作业

6.3.1 不同尺寸的洞口防护

（1）短边尺寸小于 25cm 但大于 2.5cm 的洞口

楼板、屋面和平台等面上短边尺寸小于 25cm 但大于 2.5cm 的孔口，必须用坚实的盖板覆盖。盖板应能防止挪动移位。

（2）边长尺寸为 25～50cm 的洞口

楼板面等处边长为 25～50mm 的洞口、安装预制构件时的洞口，可用竹、木等作盖板盖住洞口。盖板须能保持四周搁置均衡，并有固定其位置的措施。

（3）边长为 50～150cm 的洞口

边长为 50～150cm 的洞口，必须设置以扣件扣接钢管而成的 1.2m 高防护栏杆，并悬挂警示标志，且在洞口上满铺竹笆或脚手板。也可采用贯穿于混凝土板的钢筋构成防护网，钢筋网格间距不得大于 20cm。

（4）边长在 150cm 以上的洞口

边长在 150cm 以上的洞口，四周设 1.2m 高防护栏杆，防护栏杆外立面满挂安全网，并悬挂警示标志，洞口下张设安全平网。

6.3.2 电梯井口防护

电梯井口必须设防护栏杆或固定栅门。电梯井内应每隔两层且不大于 10m 设一道安全平网。

6.3.3 洞口防护设施的要求

（1）板与墙的洞口、必须设置牢固的盖板、防护栏杆、安全网或其他防坠落的防护设施。

（2）施工现场通道附近的各类洞口与坑槽等处，除设置防护设施与安全标志外，夜间还应设红灯示警。

（3）垃圾井道和烟道，应随楼层的砌筑或安装而消除洞口，或参照预留洞口作防护。管道井施工时，除按上条办理外，还应加设明显的标志。如有临时性拆移，需经施工负责人核准，工作完毕后必须恢复防护设施。

（4）位于车辆行驶道旁的洞口、深沟与管道坑、槽，所加盖板应能承受不小于当地额定卡车后轮有效承载力 2 倍的荷载。

（5）墙面等处的竖向洞口，凡落地的洞口应加装开关式、工具式或固定式的防护门，门栅网格的间距不应大于 15cm，也可采用防护栏杆下设挡脚板（笆）。

（6）下边沿至楼板或底面低于 80cm 的窗台等竖向洞口，如侧边落差大于 2m 时，应加设 1.2m 高的临时护栏。

（7）对邻近的人与物有坠落危险性的其他竖向孔、洞口，均应予以盖设或加以防护，并有固定其位置的措施。

6.4　攀登作业

6.4.1　移动式梯子

（1）梯脚底部应坚实，不得垫高使用，梯子的上端应有固定措施。立梯的工作角度以 75°±5° 为宜，踏板上下间距以 30cm 为宜，不得有缺档。

（2）梯子如需接长使用，必须有可靠的连接措施，且接头不得超过 1 处，连接后梯梁的强度不应低于单梯梯梁的强度。

（3）折梯使用时上部夹角以 35°～45° 为宜。铰链必须牢固，并应有可靠的拉撑措施。

6.4.2　固定式直爬梯

（1）应用金属材料制成。

（2）梯宽不应大于 50cm，支撑应采用不小于 L70×6 的角钢，埋设与焊接均必须牢固。梯子顶端的踏棍应与攀登的顶面齐平，并加设 1～1.5m 高的扶手。

（3）使用直爬梯进行攀登作业，高度以 5m 为宜。超过 2m 时，宜加设护笼；超过 5m 时，必须设置梯闭平台。

6.5　悬空作业

6.5.1　悬空作业的基本安全要求

在周边临空状态下进行的高处作业叫悬空作业。施工现场悬空作业的条件往往并不相同，安全要求也随之不同，原则上应做到：

（1）悬空作业处应有牢靠的立足处，并必须视具体情况，配置防护栏网、栏杆或其他安全设施；

（2）悬空作业所用的索具、脚手板、吊篮、吊笼、平台等设备，均需经过技术鉴定合格后方可使用。

6.5.2　安装门窗时的悬空作业

悬空进行门窗安装作业时，必须遵守下列规定：

（1）安装门窗及安装玻璃时，若门窗临时固定或封填材料未达到强度，严禁操作人员站在樘子、阳台栏板上操作。电焊时，严禁手拉门窗进行攀登。

（2）在高处外墙安装门窗、无外脚手架时，应张挂安全网。无安全网时，操作人员应系好安全带，其保险钩应挂在操作人员上方的可靠物件上。

（3）进行各项窗口作业时，操作人员的重心应位于室内，不得在窗台上站立，必要时应系好安全带进行操作。

6.6 移动式操作平台作业

移动式操作平台是指可以搬动的用于室内装饰和水电安装等操作的平台。移动式操作平台必须符合以下规定：

（1）操作平台由专业技术人员按现行的相应规范进行设计，计算及图纸应编入施工组织设计。

（2）操作平台面积不应越过 $10m^2$，高度不应超过上 5m。同时必须进行稳定计算，并采取措施减少立柱的长细比。

（3）装设轮子的移动式操作平台，连接应牢固可靠，立杆底端离地面不得大于 80mm。

（4）操作平台采用 $\phi(48\sim51)\times3.5$ 钢管扣件连接，亦可采用门架式部件，按产品要求进行组装。平台的次梁间距不应大于 40cm，台面应满铺 5cm 厚的木板或竹笆。

（5）操作平台四周必须设置防护栏杆，并应设置登高扶梯。

（6）移动式操作平台在移动时，平台上的操作人员必须撤离。

6.7 交叉作业

在施工现场的上下不同层次，于空间贯通状态下同时进行的高处作业称为交叉作业。
交叉作业应做好安全防护：

（1）由于上方施工可能坠落物件或处于起重机把杆回转范围之内的通道在其影响的范围内，必须搭设双层防护棚。防护棚的宽度，根据建筑物与围墙的距离而定，如距离超过 6m，防护棚搭设宽度为 6m。凡距离不足 6m 的，应搭满这之间的距离。

（2）结构施工自第 2 层起，凡人员进出的通道口（包括井架、施工电梯的进出通道口，以及施工人员进出建筑物的通道口）均应搭设安全防护棚。高度超过 24m 的层数，应搭设双层防护棚。

（3）支模、粉刷、砌墙等各工种进行立体交叉作业时，不得在同一垂直方向上操作。可采取时间交叉、位置交叉，如时间交叉、位置交叉不能满足施工要求，必须采取隔离封闭措施后方可施工。

6.8 安全帽、安全网、安全带

6.8.1 安全帽

1）安全帽的结构要求

（1）帽壳顶部应加强，可以制成光顶或有筋结构。帽壳可制成无沿、有沿或卷边。

（2）塑料帽对应制成有后箍的结构，能自由调节帽箍大小。无后箍帽衬的下颌带制成"Y"形；有后箍的，允许制成单根。

（3）接触头前额部的帽箍，要透气、吸汗。

（4）帽箍周围衬垫，可以制成条形或块状，并留有空间使空气流通。

（5）每顶安全帽应有以下四项永久性标志：

① 制造厂名称、商标、型号；

② 制造年月；

③ 生产合格证和检验证；

④ 生产许可证编号。

2）安全帽的管理

（1）企业必须购买有产品检验合格证的产品，购入的安全帽必须经验收后，方准使用。

（2）安全帽不应储存在酸、碱、高温、日晒、潮湿等场所，更不可和硬物放在一起。

（3）安全帽的使用期从产品制造完成之日开始计算，植物枝条编织帽不超过2年，塑料帽、纸胶帽不超过2.5年，玻璃钢（维纶钢）橡胶帽不超过3.5年。

（4）企业安检部门应根据规定对到期的安全帽进行抽查，测试合格后方可继续使用。以后每年抽验一次，抽验不合格则该批安全帽即报废。

3）安全帽的使用

（1）经有关部门按国家标准检验合格后方可使用。不得使用缺衬、缺带及破损的安全帽。

（2）正确使用，扣好帽带。

6.8.2 安全网

1）安全网的结构要求

安全网是用来防止人或物坠落，或用来避免、减轻坠落及物击伤害的网具。安全网一般由网体、边绳、系绳等构件组成。根据功能的不同，安全网可分为三类：

（1）平网：安装平面平行于水平面，用来防止人或物坠落的安全网。

（2）立网：安装平面垂直于水平面，用来防止人或物坠落的安全网。

（3）密目式安全立网：网目密度不低于 2000 目/1000m^2，垂直于水平面安装用于防止人员坠落及坠物伤害的网，一般由网体、开眼环扣、边绳和附加系绳组成。

2）安全网的技术要求

（1）安全网可采用绵纶、维纶、涤纶或其他的耐候性符合规范要求的材料制成。

（2）同一张安全网上的同种构件的材料、规格和制作方法必须一致，外观应平整。

（3）平网宽度不得小于3m，立网宽（高）度不得小于1.2m，密目式安全立网宽不得小于2m，产品规格误差允许在±2%以下，每张安全网重量一般不宜超过15kg。

（4）菱形或方形网目的安全网，其网目边长不大于8cm。

（5）密目安全网的标准是：每 10cm×10cm＝100cm^2 的面积上，有2000个以上网目。做耐贯穿试验，将网与地面成30°夹角，在其中心上方3m处，用管径48～51mm、5kg重的钢管垂直自由落下不穿透。

（6）阻燃安全网必须具有阻燃性，其续燃、阻燃时间均不得大于4s。

3）安全网的标志、包装、运输、储存

每张安全网宜用塑料薄膜、纸袋等独立包装。内附产品说明书、出厂检验合格证及其他按有关规定必须提供的文件（如安鉴证等）。外包装可采用纸箱、丙纶薄膜袋，上面应有以下标志：

（1）产品名称、商标；

（2）制造厂名、地址；

（3）数量、毛重、净重和体积；

（4）制造日期或生产批号；

（5）运输时应注意的事项或标记等。

安全网在储存、运输中，必须通风、避光、隔热，同时应避免化学物品的侵蚀，袋装安全网在搬运时禁止使用钩子。

4）安全网的使用

根据 JGJ 59—2011《建筑施工安全检查标准》的规定，取消了平网在建筑物外围的使用，改为立网全封闭。应该使用取得当地建筑安全监督管理部门准用证的密目式安全网。

立网应随施工层提升，网高出施工层 1m 以上。绳根应牢固，立网底部必须与脚手架全部封严。两网间拼接空隙不大于 10cm。

6.8.3　安全带

安全带由带子、绳子和金属配件组成。

1）安全带的使用

（1）安全带应高挂低用，注意防止摆动碰撞，使用 3m 以上绳时应加缓冲器。

（2）不准将绳扣结使用，也不准将钩直接挂在安全绳上使用，应挂在连接环上。

（3）安全带上的各种部件不得任意拆除，更换新绳时要注意加绳套。

2）安全带的保管

（1）安全带使用两年后，应按批量购入情况抽验一次。

（2）使用频繁的绳，要经常做外观检查。发现异常时，应立即更换新绳。带子使用期为 3～5 年，发现异常应提前报废。

7 起重机械及吊装作业安全技术

7.1 施工升降机作业安全技术

7.1.1 施工升降机的安装与拆卸

1) 在升降机安装作业前，应对升降机各部件做好如下检查：

(1) 导轨架、吊笼等金属结构的成套性和完好性；

(2) 传动系统的齿轮、限速器的装配精度及其接触长度；

(3) 电气设备主电路和控制电路是否符合国家规定的产品标准；

(4) 基础位置和做法是否符合该产品的设计要求；

(5) 附墙架设置处的混凝土强度和螺栓孔是否符合安装条件；

(6) 各安全装置是否齐全，安装位置是否正确牢固，各限位开关动作是否灵敏、可靠；

(7) 升降机安装作业环境有无影响作业安全的因素。

2) 安装作业应当严格按照预先制订的安装方案和工艺要求实施。安装过程中要确定专人统一指挥，划出警戒区域，并根据安装程序对重要危险点实施专人监控或监护。

3) 拆卸时要与安装达到同样的要求，只是在程序和工艺上有所不同。所不同的是，拆卸时严禁将物件从高处向下抛掷。无论安装作业还是拆卸作业，一般宜在白天进行。安装和拆卸人员在登高作业时，必须按高处作业的要求，正确、合理地配备和使用安全防护用品。

4) 升降机在安装完毕时，应及时搭设地面出入口的防护棚。防护棚搭设的材质要选用普通脚手架钢管；防护棚长度不应小于5m，有条件的可与地面通道防护棚连接起来；防护棚宽度应不小于升降机底笼最外部尺寸；防护棚顶部材料可采用50mm厚木板或两层竹笆，上、下竹笆的间距应不小于600mm。

7.1.2 施工升降机的安全使用

(1) 施工现场除做好前述的定期检查工作外，司机应积极做好日常检查工作。日常检查应在每班前进行、空载及满载试运行，检查制动器的灵敏性和可靠性，确认正常后，方可正式运行。

(2) 驾驶升降机的司机应是经有关行政主管部门培训、考核，取得合格证的专职人员，严禁无证操作。

(3) 升降机载物、乘人时应尽量使荷载均匀分布，并严格按升降机额定荷载和最大乘员人数核定，严禁超载使用。

(4) 各停靠层的运料通道两侧必须有良好的防护。楼层门应处于常闭状态，司机应随时注意楼层门的开闭情况，当楼层门未关闭时，司机不应使吊笼上下运行。楼层门应当与吊笼电气或机械联锁，在目前尚达不到这项技术要求前，楼层门闭合状态建议由司机负责控制，并规定司机为第一责任人，以确保各楼层始终处于安全状态。

（5）升降机在运行过程中，严禁以碰撞上、下限位开关来实现停车。

（6）司机因故离开吊笼，应将吊笼降至地面，切断总电源并锁上电箱门，以防止其他无证人员擅自开动吊笼。司机下班时，应同样按此要求操作，并做好相应的落手清工作。

（7）当升降机顶部风速大于 20m/s（风力达 6 级）时，司机应停止作业，并将吊笼降至地面。

（8）升降机应装设必要的联络通信装置。当联络通信信号不明时，司机应当在确认信号后才能开动升降机。作业中不论任何人在任何楼层发出紧急停车信号时，司机应当立即执行。

（9）司机应当按照原机使用说明书上的要求，及时做好升降机各活动部件的润滑和保养工作。并填写例保记录。每班要做好运行记录及交接班记录。

（10）严禁在升降机运行状态下进行维修保养工作，如确需进行维修和调整作业，必须切断电源并在醒目处挂上"有人检修，禁止合闸"的标志牌，必要时应设专人监护。

7.2　物料提升机作业安全技术

7.2.1　物料提升机的安全保护装置

物料提升机的安全保护装置主要包括：安全停靠装置、断绳保护装置、上极限限位器、吊笼安全门和信号装置。高架物料提升机除了应当设置低架物料提升机应当设置的安全保护装置外，还应当设置载重量限制装置、下极限限位器、缓冲器和通信装置等。

1. 安全停靠装置

安全停靠装置是当吊笼靠在某一层时，能使吊笼稳妥地支靠在架体上的装置上，防止因钢丝绳突然断裂或卷扬机抱闸失灵时吊篮坠落。其装置的形式有自动和手动两种。当吊笼运行到位后，由弹簧控制或人工扳动使支承杆伸到架体的承托架上，其荷载全部由承托架负担，钢丝绳不受力。当吊笼装载 125％ 额定载重量运行至各楼层位置装卸物料时，停靠装置应能将吊笼可靠定位。

2. 断绳保护装置

吊笼装载额定载重量，悬挂或运行中发生断绳时，断绳保护装置必须可靠地把吊笼刹制在导轨上、最大制动滑落距离应不大于 1m，并且不应对结构构件造成永久性损坏。断绳保护装置的形式有弹闸式、偏心夹辊式、杠杆式、挂钩式等。

3. 上极限限位器

上极限限位器应安装在吊篮允许提升的最高工作位置。吊篮的越程（指从吊篮的最高位置与天梁最低处的距离）应不小于 3m。当吊篮上升达到限定高度时、限位器自行切断电源（指可逆式卷扬机）或自动报警（指摩擦式卷扬机）。

4. 吊篮安全门

吊篮的上料口处应装设安全门。安全门宜采用联锁开启装置，升降运行时安全门封闭吊篮的上料口，以防止物料从吊篮中滚落。

5. 信号装置

信号装置是由司机控制的一种音响装置，其音量应能使各楼层使用提升机装卸物料的人员清晰地听到。

6. 楼层通道门

物料提升机与各楼层进料口应搭设运料通道，在楼层进料口与运料通道的结合处必须设置通道安全门。此门在吊篮上下运行时应处于常闭状态，只有在卸运料时才能打开。此门应设在楼层口，与架体保持段距离，不能紧靠物料提升机架体。此门高度宜为 1.8m，其强度应能承受 1kN/m 的水平荷载。

7. 上料口防护棚

防护棚应设在提升机架体底面进料口上方。其宽度应大于提升机的最外部尺寸；其长度，低架提升机应大于 3m，高架提升机应大于 5m；其材料强度应能承量 10kPa 的均布静荷载。上料口防护棚的搭设不得借助提升机架体作为传力杆件，以避免提升机架产生附加力矩，保证提升机架体稳定。

8. 紧急断电开关

紧急断电开关应设在便于司机操作的位置，在紧急情况下，应能及时切断提升机的总控制电源。

9. 载重量限制装置

当提升机吊笼内载荷达到额定载重量的 90% 时，应发出报警信号；当吊笼内载荷达到额定载重量的 100%～110% 时，应切断提升机工作主电源。

10. 下极限限位器

下极限限位器的安装位置，应满足在吊篮碰到缓冲器之前限位器能够动作。当吊篮下降达到最低限定位置时，限位器自动切断电源，使吊篮停止下降。

11. 缓冲器

在架体的底坑里设置缓冲器，当吊篮以额定荷载和规定的速度作用到缓冲器上时，应能承受相应的冲击力。缓冲器可采用弹簧或弹性实体。

12. 通信装置

当司机不能清楚地看到操作者和信号指挥员时，必须加装通信装置。通信装置必须是一个闭路的双向电气通信系统，司机应能听到每一站的联系，并能向每一站讲话。

当提升机的架设是利用建筑物内部垂直通道，如采光井、电梯井、设备或管道井时，在司机不能看到吊篮运行情况下，也应该装设通信联络装置。

7.2.2 物料提升机的稳定

物料提升机的稳定性能主要取决于物料提升机的基础、附墙架、缆风绳及地锚。

1. 基础

1）物料提升机的基础应进行设计，基础应能可靠地承受作用在其上的全部荷载，基础的埋深与做法应符合设计和提升机出厂使用规定。

2）物料提升机的基础，当无设计要求时应符合下列要求：

（1）土层压实后的承载力应不小于 80kPa；

（2）浇筑 C20 混凝土，厚度不少于 300mm；

（3）基础表面应平整，水平度偏差不大于 10mm。

3）基础应有排水措施。距基础边缘 5m 范围内开挖掏槽或有较大振动的施工时，必须有保证架体稳定的措施。

2. 附墙架

（1）提升机附墙架的设置应符合设计要求，其间隔一般不宜大于 9m，且在建筑物的顶层必须设置一组。

（2）附墙架与架体及建筑之间，均应采用刚性件连接，并形成稳定结构，不得连接在脚手架上。

（3）附墙架的材质应与架体的材质相同，不得使用木杆、竹竿等做附墙架与金属架体连接。

（4）型钢制作的附墙架与建筑结构的连接，可预埋专用铁件用螺栓连接。

3. 缆风绳

（1）当提升机受到条件限制无法设置附墙架时，应采用缆风绳稳固架体。高架提升机在任何情况下均不得采用缆风绳。

（2）缆风绳应选用圆股钢丝绳，直径不得小于 9.3mm，严禁使用铅丝、钢筋、麻绳。

（3）提升机高度在 20m（含 20m）以下时，缆风绳不少于 1 组（4～8 根）；提升机高度在 20～30m 时，不少于 2 组。

（4）缆风绳应在架体四角有横向缀件的同一水平面上对称设置。

（5）缆风绳的一端应连接在架体上，对连接处的架体焊缝及附件必须进行设计计算。

（6）缆风绳的另一端应固定在地锚上，不得随意拉结在树上、墙上、门窗框上或脚手架上等。

（7）缆风绳与地面的夹角不应大于 60°，应以 45°～60°为宜。

（8）当缆风绳需要改变位置时，必须先做好预定位置的地锚并加临时缆风绳，确保提升机架体稳定后方可移动原缆风绳的位置；待与地锚拴牢后，再拆除临时缆风绳。

4. 地锚

（1）缆风绳的地锚一般宜采用水平式地锚，即用一根或几根圆木捆绑在一起，横着埋入土内，其埋深根据受力大小和土质情况而定。当土质坚实，地锚受力小于 15kN 时，也可采用桩式地锚。

（2）采用木单桩时，圆木直径应不小于 200mm，埋深应不小于 1.7m，并在桩的前上方和后下方设两根横挡木。

（3）采用脚手钢管（φ48）或角钢（L75×6）时，应不少于两根，并排设置，间距不应小于 0.5m，打入深度不小于 1.7m，桩顶部应有缆风绳防滑措施。

（4）提升机的架体和缆风绳的位置必须靠近或跨越架空输电线路时，应保证最小安全距离，并应采取安全防护措施。

7.2.3 物料提升机的安装与拆卸

1. 安装前的准备

1）根据施工现场工作条件及设备情况编制架体的安装方案，做好安装的组织工作，对作业人员根据方案进行安全技术交底，确定指挥人员。提升人员必须持证上岗。

2）按照说明书基础图制作基础。基础养护期应不少于 7d，基础周边 5m 内不得挖排水沟。

3）安装前做好以下检查：

（1）金属结构的成套性和完好性；

（2）提升机构是否完整良好；

（3）电气设备是否齐全可靠；

（4）基础位置和做法是否准确可靠；

（5）地锚位置、连接杆（附墙杆）、连接埋件的位置是否正确和埋设牢靠；

（6）提升机周围环境条件有无影响作业安全的因素。

2. 安装与拆卸

井架式物料提升机安装的一般顺序为：将底架按要求就位→将第二节标准节安装于标准节底架上→提升抱杆→安装卷扬机→利用卷扬机和抱杆安装标准节→安装导轨架→安装吊笼→穿绕提升钢丝绳→安装安全装置。物料提升机的拆卸按安装的反程序进行。

（1）每安装 2 个标准节（一般不大于 8m），应采取临时支撑或临时缆风绳固定。

（2）安装龙门架时，两边立柱应交替进行。每安装 2 节，除将单肢柱进行临时固定外，尚应将两立柱横向连接成一体。

（3）架体安装完毕后，必须对提升机进行试验和验收，合格后，方能交付使用并挂上验收合格牌。

（4）架体拆除前应做必要的检查。拆除作业宜在白天进行。因故中断作业时，应采取临时稳固措施。

（5）在拆除缆风绳或附墙架前，应先设置临时缆风绳或支撑，确保架体自由高度不得大于 2 个标准节。

7.2.4　物料提升机的安全使用与管理

1）建立物料提升机的使用管理维修保养制度。应有专职机构和专职人员管理。司机应经专门培训，人员要相对稳定。

2）组装后应进行验收并进行空载、动载和超载试验。

（1）空载试验：即不加荷载，只将吊篮按施工中各种动作反复进行，并试验限位灵敏程度；

（2）动载试验：即按说明书中规定的最大载荷进行动作运行；

（3）超载试验：一般只在第一次使用前，或经大修后按额定荷载的 125％ 逐渐加荷进行。

3）每班开机前，应对卷扬机、钢丝绳、地锚、缆风绳进行检验，并进行空车运行，确认各类安全装置安全可靠后方能投入工作。

4）严禁各类人员乘吊篮升降。禁止攀登架体和从架体下面穿越。

5）物料在吊篮内应均匀分布，不得超出吊篮。当长料在吊篮中立放时，应采取防滚落措施；散料直接装箱或装笼，严禁超载。

6）发现安全装置、通信装置失灵时，应立即停机修复作业，不得随意使用极限限位装置。

7）使用中要经常检查钢丝绳、滑轮工作情况。如发现磨损严重，必须按照有关规定及时更换。

8）采用以摩擦式卷扬机为动力的提升机，吊篮下降时，应在吊篮行至离地面 1～2m

处，缓缓落地，不允许带篮自由落下，直接降至地面。

9）装设摇臂把杆的提升机作业时，吊篮与摇臂把杆不得同时使用。

10）司机在通信联络信号不明时不得开机，作业中不论任何人发出紧急停车信号，司机应立即执行。

11）作业后，应将吊篮降至地面，各控制开关扳至零位，切断主电源，锁好闸箱。

12）提升机使用中经常性的维修保养应符合下列规定：

（1）司机应按使用说明书的有关规定，对提升机各润滑部位进行注油润滑。

（2）维修保养时，应将所有控制开关扳至零位，切断主电源，并在闸箱处挂"禁止合闸"标志，必要时应设专人监护。

（3）提升机处于工作状态时，不得进行保养、维修。排除故障应在停机后进行。

（4）更换零部件时，零部件必须与原部件的材质性能相同并应符合设计与制造标准。

（5）维修主要结构所用的焊条及焊缝质量，均应符合原设计要求。

（6）维修和保养提升机架体顶部时，应搭设上人平台，并应符合高处作业要求。

7.3　起重吊装作业安全技术

7.3.1　常用的索具和吊具

1. 钢丝绳

钢丝绳具有断面相同、强度高、弹性大、韧性好、耐磨、高速运行平稳并能承受冲击荷载等特点，是吊装中的主要绳索，可用作起吊、牵引、捆扎等。

钢丝绳的安全使用与管理：

（1）吊装作业中必须使用交互捻的钢丝绳。用作缆风绳的钢丝绳一般为 6×7（6 股、每股 7 丝），吊索和卷扬机宜用 6×19 钢丝绳；高速转动的起重机械和穿绕滑轮组宜用 6×37 钢丝绳，起吊精密仪表机器设备宜用 6×61 钢丝绳。

（2）经常保持钢丝绳清洁，定期涂抹无水防锈油或油脂。钢丝绳使用完毕后，应用钢丝刷将上面的铁锈、脏垢刷去，不用的钢丝绳应进行维护保养，按规格分类存放在干净的地方。在露天存放的钢丝绳应在下面垫高，上面加盖防雨布罩。

（3）钢丝绳开卷时要防止打结、扭曲，造成钢丝绳损坏和强度降低。切断钢丝绳时，应有防止绳股和钢丝松散的措施。

（4）钢丝绳在卷筒上缠绕时，要逐圈紧密地排列整齐或设置排绳装置。不应错叠或离缝。

（5）工作中的钢丝绳，不得与其他物体相摩擦，特别是带棱角的金属物体；着地的钢丝绳应用垫板或滚轮托起。工作中若发现钢丝绳股缝间有大量的油挤出时，这是钢丝绳即将断裂的前兆，应立即停吊，查明原因。

（6）钢丝绳穿越滑轮时，滑轮槽的直径比绳的直径大 1～2.5mm，滑轮边缘破损的不宜使用。钢丝绳和滑轮直径之比，按用途一般要求为 18～30 倍。

（7）用钢丝绳绑扎边缘锐利的金属构件时，应加衬垫麻袋、木板或半圆钢管等物，以保护钢丝绳不损伤。

（8）使用钢丝绳卡子连接时，应尽量采用骑马式卡子，同时 U 形螺栓内侧净距应与钢丝绳直径大小相适应，不得以大卡子夹细绳。

（9）钢丝绳在使用过程中会不断的磨损、弯曲变形、锈蚀和断丝等，不能满足安全使用时应予报废，以免发生危险。

2. 链条

焊接链条是一种起重索具，常用作起重吊装索具。焊接链条挠性好，可以用较小直径的链轮和卷筒，因而减少机构尺寸。但焊接链条的弹性小、自重大，链环接触处易磨损，不能随冲击载荷运动，运行速度低，安全性较差。链条吊索使用的要求如下：

（1）应采用短环焊接链条吊索。

（2）新链条使用前，应破断荷载的一半进行试验，试验合格者方准用于起重作业中。

（3）链条吊索不允许承受振动荷载，也不宜超载。

（4）当链条绕过导向滑轮或卷筒时，链条中产生很大的弯曲应力，这个应力随滑轮或卷筒直径 D 与链条圆钢直径 d 之比的减少而增大。因此，人力驱动 $D \geqslant 20d$，机械驱动 $D \geqslant 30d$。

3. 卡环

卡环又叫卸扣、U 形卡或卸甲，用于吊索、构件或吊环之间的连接，它是起重作业中用得广泛且较灵便的拴连工具。卡环分为销子式和螺旋式两种，其中螺旋式卡环比较常用。

卸扣在使用时只能垂直受力，不得横向（两侧）受力，严禁超过规定荷载使用。

4. 吊钩

1）吊钩的制作材料必须具有较高的机械强度和冲击韧性。所以要选用 20 号优质碳素钢经煅打等热处理加工。起重机械不得使用铸造的吊钩。

2）吊钩表面应光洁，不能有剥裂、刻痕、锐角、接缝和裂纹等缺陷。

3）起重机的吊钩严禁补焊。

4）吊钩上应装有防止脱钩的安全保险装置。

5）当起重机械的吊钩有下列情况之一的，即应更换：

（1）表面有裂纹、破口，开口度比原尺寸增加 15％；

（2）危险断面及钩颈有永久变形，扭转变形超过 10°；

（3）挂绳处断面磨损超过原高度 10％；

（4）吊钩钩衬套磨损超过原厚度 50％，心轴（销子）磨损超过其直径的 3‰～5‰。

7.3.2 常用的起重机具

1. 千斤顶

千斤顶是一种用比较小的力就能把重物升高、降低或移动的简单机具，结构简单，使用方便。它的承载能力可达 300t。每次顶升高度一般为 300mm，顶升速度可达 35mm/min。

千斤顶按其构造形式，可分为三种类型，即螺旋千斤顶、液压千斤顶和齿条千斤顶。前两种千斤顶应用比较广泛。

（1）千斤顶不准超负荷使用，顶升高度不得超过其规定顶程。

（2）千斤顶工作时，要放在平整坚实的地面上，并要在其下面垫枕木、木板或钢板来扩大受压面积，防止塌陷。

（3）几台千斤顶联合作业时，要动作一致、保证同步顶升和降落。每台千斤顶的起重能力不得小于计算载荷的 1.2 倍。

（4）千斤顶应放在干燥无尘的地方，使用时应先擦洗干净，并检查各部件是否灵活、完好。

2. 手拉葫芦

手拉葫芦又称倒链或神仙葫芦，可用来起吊轻型构件、拉紧扒杆的缆风绳，及用在构件或设备运输时拉紧捆绑的绳索。可在水平、垂直、倾斜等任何方向使用。一般的起重量为 5~10kN，最大可达 20kN。倒链具有结构紧凑、手拉力小、使用稳当、携带方便、容易掌握等优点。

（1）起吊前要核对吊物重量，先进行试吊，不得盲目起吊、超载，并仔细检查吊钩、链条等主要受力零件。

（2）拉动链条时，应均匀缓和，并应与链轮盘方向一致，不得斜向拽动，以防跳链、掉槽、卡链现象发生。

（3）齿轮部分应经常加油润滑，棘爪、棘爪弹簧和棘轮应经常检查，防止吊运构件时制动失灵、自坠伤人损物。

（4）倒链使用后应拆卸、清洗干净，再上润滑油，并安装好，送库房，套上塑料罩，挂好，妥善保存。

3. 手扳葫芦

使用中应注意以下几点：

（1）使用前对自锁夹钳装置进行检查，夹紧钢丝后不能移动，否则严禁使用。使用初，应在其受力后再检查一次，确认自锁功能良好时，方可正常开始作业。

（2）用作吊篮升降时，应加装保险绳，每根提升钢丝绳都应加保险绳。保险绳固定在永久性的结构上。

（3）必须在手扳葫芦的额定容许值范围内使用。不得随意加长手柄，严禁超载使用。

（4）使用完毕后应拆卸进行清洗、检查、保养，特别是对自锁钳的磨损情况进行检查。

7.3.3 吊装作业的基本安全要求

（1）起重机的司机和指挥人员属于特种作业人员，应经培训、考试合格后，持证上岗。

（2）吊装作业前应编制有针对性的施工方案，并经上级主管部门审批同意。作业前应向参与作业的人员进行安全技术交底。

（3）做好吊装作业前的准备工作，对吊装区域不安全因素和不安全的环境，要进行检查、清除或采取保护措施。起重机行驶的道路必须平整坚实，对所起吊的构件，应事前了解其准确的自重，并选用合适的起吊用具和防护设施，确定吊物回转半径范围、吊物的落点等。

（4）起吊作业前，应对机械进行检查，安全装置要完好、灵敏；检查起重设备的稳定性、制动器的可靠性、吊物的平稳性、绑扎的牢固性。超吊满载或接近满载时，应先将吊物吊起离地 20~50cm 处停机检查，确认无误后方可再行起吊。

（5）起重作业人员在吊装过程中要选择安全位置，防止吊物冲击、晃动、坠落伤人。

指挥人员必须坚守岗位，准确、及时传递信号。司机要对指挥发的信号、吊物的捆绑情况、运行通道、起降的空间确认无误后，才能进行操作。

（6）吊装中要熟悉和掌握捆绑技术及捆绑要点。应根据形状找中心、吊点的数目和绑扎点。捆绑中要考虑吊索间的夹角。起吊过程中必须遵守"十不吊"的规定。吊运中起降要平稳，不能忽快忽慢和突然制动。

（7）严禁任何人在已起吊的构件下停留或穿行。已吊起的构件不准长时间在空中停留。构件吊装就位必须放置平稳、牢固后，方准松开吊钩或拆除临时性固定。在安装、校正构件时，应站在操作平台上进行，并佩戴安全带。

（8）在高压线或裸线附近工作时，应停电或采取其他可靠防护措施。使用塔式起重机或长吊杆的起重机时，应设有避雷装置。

（9）在雨季或冬期进行起重吊装作业时，必须采取防滑措施。在雷雨季节需装设避雷设施。遇六级以上大风、大雨、大雾、大雪等恶劣气候条件时，应停止起重吊装作业。

8 施工机具安全技术

8.1 木工机械

8.1.1 带锯机的安全使用要点

（1）作业前应检查锯条。锯条齿侧的裂纹长度超过 10mm，锯条接头处裂纹长度超过 10mm，以及连续缺齿两个和接头超过三个的锯条均不得使用。开动带锯机前，应把各项防护装置安装齐全。

（2）作业中，操作人员应站在带锯机的两侧。跑车开动后，行程范围内的轨道周围不准站人，严禁在运行中上、下跑车。

（3）木料上的石子和金属物等必须清除后方能锯割，遇有大节疤、硬质木或木面较大及冻木等，应适当降低进给速度。木材在入锯的 200～300mm 时进给速度要慢，速度变化要平稳。木料尾端不准开过锯背，要过锯背时必须先前行 50cm 再后退。

（4）平台式带锯作业时，送接料要配合一致。送料、接料时不得将手送进台面。锯短料时应用推棍送料，回进木料时要离开锯条 50mm 以上，并需注意木槎、节疤不得碰撞锯条。

（5）装设有气力吸尘罩的带锯机，当木屑堵塞吸尘管口时，严禁在运转中用木棒在锯轮背侧清理管口。

（6）带锯机张紧装置的压砣（重锤），应根据锯条的宽度与厚度调节挡位或增减副砣。

（7）不得用重锤克服锯条口松或串条等现象。

8.1.2 圆锯机的安全使用要点

（1）锯片上方必须安装安全防护罩、挡板、松口刀。皮带传动处应有防护罩。

（2）锯片不得连续断齿两个，裂纹长度不超过 2cm。有裂纹则应在其末端冲上裂孔，以阻止裂纹进一步发展。

（3）用电应符合规范要求，采用三级配电二级保护、三相五线保护接零系统。设置漏电保护器开关，不准安装倒顺开关。

（4）操作时，操作者应站在锯片左面的位置，不应与锯片站在同一直线上，以防木料弹出伤人。操作人员应戴安全防护眼镜。

（5）木料锯到接近端头时，应由下手拉料进锯、上手不得用手直接送料，应用木板推送。锯料时不准将木料左右搬动或高抬。进料不宜用力过猛，遇硬节疤要减慢进锯速度，以防木节弹出伤人。

（6）锯铺料时，应使用推棍，不准直接用手推，进料速度不得过快，下手接料必须使用刨钩。剖短时，料长不得小于锯片直径的 1.5 倍。截料时，截面高度不准大于锯片直径的 1/3。

（7）锯线走偏，应逐渐纠正，不准猛推。锯片运转时间过长，温度过高时，应用水冷却。在直径 60cm 以上的锯片的操作中，应喷水冷却。

8.1.3　平面刨（手压刨）的安全使用要点

（1）必须使用圆柱形轴，绝对禁止使用方轴。

（2）平刨、电锯、电钻等合用一台电机的多功能联合机械在施工现场严禁使用。

（3）刨刀刃口伸出量不能超过外径 1.1mm，刨口开口量不得超过规定值，吃刀深度一般为 1～2mm。

（4）平刨上必须装有安全防护装置（护手安全装置和传动部位防护装置），并配有刨小薄料的压板或压棍。

（5）刨削工件的最短长度不得小于刨口开口量的 4 倍，而且必须用推板去推压木料。长度不足 400m 或薄且窄的小料，不得用手压刨。

（6）开机后切勿立即送料刨削，经验车 1～3min 后才能进行正式操作。如感到送料推力较重、木料振动太大说明刨刃已磨损，应及时调换。

（7）操作使用的单向电动开关，要有保护接零和漏电保护器。

（8）平刨应置于木工作业间内，并有消防设施。

8.2　电焊机具

8.2.1　焊接电源的安全要求

（1）每台电焊机须设专用断路开关（开关的保险丝容量应为该机额定电流的 1.5 倍），并有与焊机相匹配的过流保护装置。完工后应立即切断电源。

（2）电焊机在接入电网时须注意应与电压相符，应使用电焊机二次侧空载降压保护装置。

（3）电焊机的一次、二次接线端应有防护罩，且一次接线端需用绝缘带包裹严密，二次接线端必须使用线卡子压接牢固。

（4）一次接线使用橡皮电缆线与电源接点不宜用插销连接，其长度不得大于 5m，且须双层绝缘。

（5）二次接把线、地线要有良好的绝缘性和柔韧性，导电能力要与焊接电流相匹配、宜使用 YHS 型橡胶皮护套铜芯多股软电缆，长度不大于 30m。需接长使用时，应保证搭接面积，接点处用绝缘胶带包裹好，接点不宜超过两处。操作时电缆不宜成盘状，否则将影响焊接电流。

（6）手把线与零线过道时，应穿管埋设或架空，以防碾压和磨损。电焊把线与零线不准搭在氧气瓶和起重机钢丝绳等附件上。

（7）更换场地移动把线时，应切断电源，并不得手持把线爬梯登高。

8.2.2　电焊设备的安全要求

（1）电焊机的金属外壳必须采取保护接地或接零。接地、接零电阻值应小于 4Ω。

（2）多台电焊机的接地、接零线不得串接，每台电焊机应设独立的接地、接零线，其接点应用螺丝压紧。

（3）电焊机应放置在干燥和通风的地方（水冷式除外）。露天使用时其下方应防潮且高于周围地面，上方应设防雨棚和防砸设施。

8.2.3 焊钳和焊枪的安全要求

（1）结构轻便，易于操作。手弧焊钳的重量不应超过600g，要采用国家定型产品。

（2）有良好的绝缘性能和隔热能力，手柄要有良好的绝热层，以防发热烫手。气体保护焊的焊枪头应用隔热材料包覆保护。焊钳由夹条处起至握柄连接处止，间距为150mm。

（3）焊钳和焊枪与电缆的连接必须简便牢靠，连接处不得外露，以防触电。

（4）等离子焊枪应保证水冷却系统密封，不漏气、不漏水。

（5）手弧焊钳应保证任何斜度下都能夹紧焊条，更换方便。

8.2.4 对电焊作业人员的要求

（1）操作人员必须经培训持有效证件方可上岗。

（2）操作者不准穿化纤服装。推拉开关时，应站在侧面，以防电弧火花灼伤；一手推开关，另一手不准放在任何导体上。

（3）安装、检修焊机或更换保险丝等，应由电工去做，焊工不得擅自乱动。

（4）高处作业时，焊工不准手持焊把、脚蹬梯子焊接，焊条应装入焊条桶或工具袋内，焊条头要妥善处理，不准随意投掷。

（5）清除焊渣，采用电弧气刨清根时，应戴防护眼镜或面罩，防止铁渣飞溅伤人。更换焊条一定要戴皮手套，不要裸手操作。

（6）遇恶劣天气（如雷雨、雪）应停止露天焊接作业。在潮湿地工作，操作人员应站在绝缘垫或木板上。身体出汗后衣服潮湿时，切勿靠在带电的钢板或工件上。

（7）施焊工作结束，应切断焊机电源，并检查操作地点，确认无起火危险后，方可离开。

8.2.5 电焊安全操作要点

（1）操作前应检查所有工具、电焊机、电源开关及线路是否良好，金属外壳应安全可靠接地，进出线应有完整的防护罩，进出线端应用铜接头焊牢。

（2）电气焊弧的火花点必须与氧气瓶、电石桶、乙炔瓶、木料、油类等危险物品的距离不少于10m，与易爆物品的距离不少于20m。

（3）电焊机应空载合闸启动，多台电焊机同时使用应分别接在三相电网上，尽量使三相负载平衡。当需拆除某台时，应先断电后在其一侧验电，确认无电后方可进行拆除工作。多台焊机在一起集中施焊时，焊接平台或焊件必须接地，并应有隔光板。

（4）严禁使用管道、轨道及建筑物的金属结构或其他金属物体串接起来作为地线使用。

（5）严禁在带压力的容器或管道上施焊。焊接带电的设备必须先切断电源。

（6）焊接储存过易燃、易爆、有毒物品的容器或管道，必须先将易燃、易爆、有毒物品清除干净，并将所有孔口打开。

（7）在密闭金属容器内施焊时，容器必须可靠接地、通风良好，并应有人监护。严禁向内输入氧气。

（8）焊接预热工件时，应有石棉布或挡板等隔热措施。

（9）雷雨时，应停止露天焊接作业。

（10）下列操作，必须在切断电源后才能进行：

① 改变焊机接头时；

② 更换焊件需要改接二次回路时；

③ 更换保险装置时；

④ 焊机发生故障需进行检修时；

⑤ 转移工作地点，搬动焊机时；

⑥ 工作完毕或临时离开工作现场时。

8.3　气瓶

8.3.1　氧气瓶的安全使用要点

（1）使用前应检查瓶阀、接管螺纹、减压器及胶管是否完好。禁止带压拧动瓶阀阀体。瓶阀开启时，不得朝向人体，且动作要缓慢。

（2）环境温度不得超过 60℃。严禁受日光暴晒，与明火的距离不小于 10m，并不得靠近热源和电器设备。直立放置时，要有护栏和支架，以防倾倒。

（3）使用时要注意固定，防止滚动、倾倒。不宜平卧使用，应将瓶阀一端垫高或直立。应避免受到剧烈震动和冲击，严禁从高处滑下或在地面上滚动。

（4）操作时严禁用沾有油脂的工具、手套接触瓶阀、减压器。一旦被油脂类污染，应及时用四氯化碳去油擦净。

（5）检查气密性时，应用肥皂水。严禁使用明火试验。冬季遇有瓶阀冻结或结霜，严禁用力敲击或用明火烘烤，应用温水解冻化霜。

（6）气瓶内要始终保持正压，不得将气用尽，瓶内至少应留有 0.3MPa 以上的压力。

（7）氧气瓶严禁用于通风换气，动力气源，吹扫容器、设备和各种管道。

（8）禁止用起重设备的吊索直接拴挂气瓶。运输时，气瓶须装有瓶帽和防震圈，防止碰断瓶阀。车辆装运时应妥善固定。汽车装运应横向码放，不宜直立。易燃物品、油脂和带油污的物品，不得与氧气瓶同车装运。

（9）氧气瓶储存处周围 10m 内，禁止堆放易燃易爆物品和动用明火。同一储存间严禁存放其他可燃气瓶和油脂类物品。

8.3.2　乙炔瓶的安全使用要点

（1）乙炔瓶在使用、运输和储存时，环境温度一般不得超过 40℃。超过时，应采取有效的降温措施。禁止敲击、碰撞。

（2）不得靠近热源和电气设备。夏季要防止暴晒。与明火的距离一般不小于 10m（高空作业时，是与垂直地面处的平行距离）。严禁放置在通风不良及有放射性射线的场所，且不得放在橡胶等绝缘体上。

（3）工作地点不固定但移动较频繁时，应装在专用小车上。同时使用乙炔瓶和氧气瓶时，应尽量避免放在一起。使用时要注意固定，防止倾倒，严禁卧放使用。

（4）必须装设专用的减压器、回火防止器。开启时，操作者应站在阀口的侧后方，动作要轻缓。

（5）使用压力不得超过 0.15MPa，输气流速不应超过 1.5～2.0m³/h。

（6）严禁铜、银、金等及其制品与乙炔接触，必须使用铜合金器具时，合金含铜量应低于 70%。

（7）瓶内气体严禁用尽。必须留有不低于规定要求的剩余压力。

（8）瓶阀冻结，严禁用火烘烤，必要时可用 40℃以下的温水解冻。

（9）吊装、搬运时应使用专用夹具和防震的运输车。严禁用电磁起重机和链绳吊装搬运。

（10）运输乙炔瓶应轻装轻卸，严禁抛、滑、滚、碰。夏季要有遮阳设施防止暴晒，炎热地区应避免白天运输。

（11）车、船装运时应妥善固定。汽车装运乙炔瓶横向排放时，头部应朝向一方，但不得超过车厢高度；直立排放时，车厢高度不得低于瓶高的 2/3。

（12）使用乙炔瓶的现场，储存量不得超过 5 瓶；超过 5 瓶但不超过 20 瓶时，应在现场或车间内用非燃烧体或难燃烧体墙隔成单独的储存间，应有一面靠外墙；超过 20 瓶时，应设置乙炔瓶库。储存量不超过 40 瓶的乙炔库房，可与耐火等级不低于二级的生产厂房毗邻建造，其毗邻的墙应是无门、窗和洞的防火墙，并严禁任何管线穿过。

（13）储存间与明火或散发火花地点的距离不得小于 15m，且不应设在地下室或半地下室。储存间应有良好的通风、降温等设施，要避免阳光直射，要保证运输道路畅通。

（14）乙炔瓶储存时，一般要保持竖立位置，并应有防止倾倒的措施。

（15）严禁与氧气瓶及易燃物品同间储存，同车运输。

（16）使用充装运输储存乙炔瓶应有专人管理，在醒目的地方应设置"乙炔危险""严禁烟火"的标志；并应备有干粉或二氧化碳灭火器（严禁使用四氯化碳灭火器）。

8.4　手持电动工具

1. 手持电动具的选用

（1）使用Ⅰ类手持电动工具必须按规定穿戴绝缘用品。

（2）必须按三类手持电动工具来设置相应的二级漏电保护，而且末级漏电动作电流分别不大于：①Ⅰ类手持电动工具（金属外壳）为 30mA（绝缘电阻≥2mΩ）；②Ⅱ类手持电动工具（绝缘外壳）为 15mA（绝缘电阻≥7mΩ）；③Ⅲ类手持电动工具（采用安全电压 36V 以下）为 15mA。

（3）一般场所选用Ⅱ类手持电动工具，并装设额定动作电流不大于 15mA、额定漏电动作时间小于 0.1s 的漏电保护器。若采用Ⅰ类手持电动工具，还必须做保护接零。

（4）露天、潮湿场所或在金属构架上操作时，必须选用Ⅱ类手持电动工具，并装设防溅的漏电保护器。严禁使用Ⅰ类手持电动工具。

（5）狭窄场所（锅炉、金属容器、地沟、管道内等），宜选用带隔离变压器的Ⅲ类手持电动工具。若选用Ⅱ类手持电动工具，必须装设防溅的漏电保护器。把隔离变压器或漏电保护器装设在狭窄场所外面，工作时应有人监护。

2. 作业前的检查

（1）外壳、手柄不得出现裂缝、破损，负荷线、插头、开关等必须完好无损。使用前必须做空载试验，运转正常方可投入使用。

（2）工具上的接零或接地要齐全有效、随机开关要灵敏可靠。电源进线长度应控制在标准范围，以符合不同的使用要求。负荷线必须采用耐气候型的橡皮护套铜芯软电缆，并不得有接头。

（3）各部分防护罩应齐全、牢固，电气保护装置应可靠。

3. 手持电动工具的安全使用要点

（1）使用刃具的机具，应保持刃磨锋利，完好无损，安装正确，牢固可靠。

（2）使用砂轮的机具，应检查砂轮与接盘间的软垫安装稳固，螺帽不得过紧，凡受潮、变形、裂纹、破碎、磕边缺口或接触过油、碱类的砂轮均不得使用，并不得将受潮的砂轮片自行烘干使用。

（3）在潮湿地区或在金属构架、压力容器、管道等导电良好的场所作业时，必须使用双重绝缘或加强绝缘的电动工具。

（4）非金属壳体的电动机、电器，在存放和使用时不应受压、受潮，并不得接触汽油等溶剂。

（5）机具转动时不得撒手不管。

（6）机具启动后，应空载运转，应检查并确认机具联动灵活无阻。作业时加力应平稳，不得用力过猛。

（7）严禁超载使用。作业中应注意声响及温升，发现异常应立即停机检查。在作业时间过长、机具温升超过 60℃时，应停机，自然冷却后再行作业。

（8）作业中，不得用手摸刃具、模具和砂轮。发现刃具、模具和砂轮有磨钝、破损情况时，应立即停机修整或更换，然后再继续进行作业。

（9）同类电动工具应集中管理、定期保养检修。长期搁置未用的电动工具、使用前必须用 500V 兆欧表测定绕阻与机壳之间的绝缘电阻值，应不得小于 7mΩ，否则须进行干燥处理。

（10）使用冲击电钻或电锤时，应符合下列要求：

① 作业时应掌握电钻或电锤手柄，打孔时先将钻头抵在工作表面，然后开动，用力适度避免晃动。转速若急剧下降，应减少用力，防止电机过载。严禁用木杠加压。

② 钻孔时，应注意避开混凝土中的钢筋。

③ 电钻和电锤为 40% 断续工作制，不得长时间连续使用。

④ 作业孔径在 25mm 以上时，应有稳固的作业平台，周围应设护栏。

（11）使用瓷片切割机时应符合下列要求：

① 作业时应防止杂物、泥尘混入电动机内，并应随时观察机壳温度，当机壳温度过高及产生碳刷火花时，应立即停机检查处理。

② 切割过程中用力应均匀适当，推进刀片时不得用力过猛。当发生刀片卡死时，应立即停机，慢慢退出刀片，应在重新对正后方可再切割。

（12）使用角向磨光机时应符合下列要求：

① 砂轮应选用增强纤维树脂型，其安全线速度不得小于 80m/s。配用的电缆与插头应具有加强绝缘性能，并不得任意更换。

② 磨削作业时，应使砂轮与工件保持 15°～30° 的倾斜位置。切削作业时，砂轮不得倾斜，并不得横向摆动。

（13）使用电剪时应符合下列要求：

① 作业时应先根据钢板厚度调节刀头间隙量。

② 作业时不得用力过猛，当退刀轴往复次数急剧下降时，应立即减少推力。

（14）使用射钉枪时应符合下列要求：

① 严禁用手掌推压钉管和将枪口对准人。

② 击发时，应将射钉枪垂直压紧在工作面上，当两次扣动扳机，子弹均不击发时，应保持原射击位置数秒钟后，再退出射钉弹。

③ 在更换零件或断开射钉枪之前，射枪内均不得装有射钉弹。

（15）使用拉铆枪时应符合下列要求：

① 被铆接物体上的销钉孔应与销钉配合，并不得过盈量太大。

② 切铆接时，当铆钉轴未拉断时，可重复扣动扳机，直到拉断为止，不得强行扭断或撬断。

③ 作业中，接铆头或帽若有松动，应立即拧紧。

9 拆除工程施工安全技术

9.1 拆除施工组织设计

9.1.1 编制原则

1. 爆破拆除和被拆除建筑面积大于 1000m² 的拆除工程，应编制安全施工组织设计；被拆除建筑面积小于 1000m² 的拆除工程，应编制安全施工方案。

2. 拆除工程安全施工组织设计或安全施工方案的编制原则为安全、快速、经济、扰民少。应有针对性、安全性及可行性。应经技术负责人和总监理工程师签字批准后实施。施工过程中，如需变更，应经原审批人批准，方可实施。

9.1.2 主要内容

1. 被拆除建筑物和周围环境的简介。要着重介绍被拆除建筑物的结构类型、结构各部分构件受力情况并附简图，介绍填充墙、隔断墙的装修做法，水、电、暖气、煤气设备情况，周围房屋、道路、管线有关情况。

2. 施工准备工作计划。要将各项施工准备工作，包括组织、技术、现场、设备器材、劳动力的准备工作全部列出，安排技术落实到人。要列出组织领导机构名单和分工情况。

3. 拆除方法。根据实际情况和甲方的要求，对比各种拆除方法，选择安全、经济、快速、扰民少的方法。要详细叙述拆除方法的全面内容，若采用控制爆破拆除，要详细说明爆破与起爆方法、安全距离、警戒范围、保护方法、破坏情况、倒塌方向与范围。

4. 施工部署和进度计划。

5. 劳动力组织。对各工种人员的分工及组织进行周密的安排。

6. 机械设备、工具、材料计划列出清单。

7. 施工总平面图。施工总平面图是施工现场各项安排的依据，也是施工准备工作的依据。施工总平面图应包括下列内容：

（1）被拆除建筑物和周围建筑及地上地下的各种管线、障碍物、道路的布置和尺寸；

（2）起重吊装设备的开行路线和运输道路；

（3）爆破材料及其他危险品临时库房位置、尺寸和用法；

（4）各种机械、设备、材料以及被拆除下来的建筑材料堆放场地布置；

（5）被拆除建筑物倾倒方向和范围、警戒区的范围要标明位置及尺寸；

（6）标明施工用的水、电、办公、安全设施、消火栓位置及尺寸。

8. 安全技术措施。针对所选用的拆除方法和现场情况，根据有关规定提出全面的安全技术措施。

9.1.3 危险性较大工程拆除的专家论证

1. 有下列情况之一的拆除工程必须通过专家论证：

（1）在市区主要地段或临近公共场所等人流密集的地方，可能影响行人、交通和其他建筑物、构筑物安全的。

（2）结构复杂、坚固，拆除技术性很强的。

（3）地处文物保护建筑或优秀近代保护建筑控制范围内的。

（4）临近地下构筑物及影响面大的煤气管道，上、下水管道，重要电缆、电信网。

（5）高层建筑、码头、桥梁或有毒有害、易燃易爆等有其他特殊安全要求的。

（6）其他拆除施工管理机构认为有必要进行技术论证的。

2. 专家论证的重点如下：

（1）施工方法；

（2）拆除施工程序；

（3）安全技术措施。

9.2 人工拆除

9.2.1 人工拆除的顺序

人工拆除施工应从上至下、逐层分段进行，不得垂直交叉作业。

建筑物的拆除顺序原则上按建造的逆程序进行，即先造的后拆、后造的先拆，具体可以归纳成"自上而下，先次后主"。"自上而下"是指从上层往下层拆除，"先次后主"是指在同一层面上的拆除顺序，先拆次要的部件，如阳台、屋檐、外楼梯、广告牌和内部的门窗等，以及在拆除过程中原为承重部件去掉荷载后的部件。所谓主要部件，就是承重部件，或者在拆除过程中暂时还承重的部件。

9.2.2 人工拆除技术及安全措施

1. 屋面板拆除

屋面板分预制板和现浇板两种。

（1）预制板拆除方法：预制板通常直接搁在梁上或承重墙上，它与梁或墙体之间没有纵横方向的连接，一旦预制板折断，就会下落。因此，拆除时在预制板的中间位置打一条横向切槽，将预制板拦腰切断，让预制板自由下落即可。开槽要用风镐，由前向后退打，保证人站在没有破坏的预制板上。单靠预制板的重量有时不足以克服粉刷层与预制板之间的粘结力而自由下落，这时需要用锤子将打断的预制板粉刷层敲松。

（2）现浇板拆除方法：现浇板是由纵横正交单层钢筋混凝土组成，板厚为 10mm 左右，它与梁或圈梁之间由钢筋连接组成整体。拆除时用风镐或锤子将混凝土打碎即可，不需考虑拆除顺序和方向。

2. 梁的拆除

拆除梁或悬挑构件时，应采取有效的下落控制措施，方可切断两端的支撑。

梁分承重梁（主梁）和连系梁（圈梁）两种。

当屋面板（楼板）拆除后，连系梁不再承重了，属于次要部件，可以拆除。拆除时用风镐将梁的两端各打开一个缺口，露出所有纵向钢筋，然后气割一端钢筋使其自然下垂，再割另一端钢筋使其脱离主梁，放至下层楼面作进一步处理。

承重梁的拆除方法大体上同连系梁。但因承重梁通常较大，不可直接气割钢筋让其自由下落，必须用吊具吊住大梁后方可气割两端钢筋，然后吊至下层楼面或地面做进一步解体。

3. 墙体拆除

墙分砖墙和混凝土墙两种。

（1）砖墙拆除方法：用锤子或撬杠将砖块打（撬）松，自上而下作粉碎性拆除。对于边墙，除了自上而下外，还应由外向内作粉碎性拆除。

（2）混凝土墙拆除方法：沿地板面墙的背面打掉钢筋保护层，露出纵向钢筋，系好拉绳，气割钢筋，将墙拉倒，再破碎。

（3）注意事项

a. 人工拆除建筑墙体时，严禁采用掏锯或推倒的方法，严禁站在墙体或被拆梁上作业；

b. 室内要搭可移动的脚手架或脚手凳，临近人行道的外墙要搭外脚手架并加密网封闭，人流密集的地方还要加装防护棚。

（4）气割钢筋顺序

先割沿地面一侧的纵向钢筋，其次为上方沿梁的纵向钢筋，最后是两侧的横向钢筋。

4. 立柱拆除

（1）拆除柱子时，应沿柱子底部剔凿出钢筋，使用手动倒链定向牵引，再采用气焊切割柱子三面钢筋，保留牵引方向正面的钢筋。

（2）立柱倾倒方向应选在下层梁或墙的位置上。

（3）撞击点应设置缓冲防震措施。

5. 其他构件拆除

（1）拆除栏杆、楼梯、楼板等构件，应与建筑结构整体拆除进度相配合，不得先行拆除。建筑的承重梁、柱，应在其所承载的全部构件拆除后，再进行拆除。

（2）拆除原用于有毒有害、可燃气体的管道及容器时，必须在查清残留物的性质并采取相应措施确保安全后，方可进行拆除施工。

（3）拆除过程中形成的作业面孔洞应封闭。

6. 拆除构件、材料和垃圾的处置

（1）进行人工拆除作业时，楼板上严禁人员聚集或堆放材料。作业人员应站在稳定的结构或脚手架上操作，被拆除的构件应有安全的放置场所。

（2）垃圾应从预先设置的垃圾井道下放至地面。垃圾井道的要求如下：

a. 垃圾井道的口径大小，对现浇板结构层面，道口直径为 1.2～1.5m；对预制结构层面，打掉两块预制板，上下对齐。

b. 垃圾井道数量原则上每跨不得多于 1 只，对进深很大的建筑可适当增加，但要分布合理。

c. 井道周围要做密封性防护，防止灰尘飞扬。

9.3 机械拆除

9.3.1 机械拆除顺序

机械拆除的顺序为：解体→破碎→翻渣→归堆待运。

9.3.2 镐头机拆除方法

镐头机可拆除高度不超过 15m 的建（构）筑物。

1. 拆除顺序：自上而下、逐层逐跨拆除。

2. 工作面选择：对框架结构房屋，选择与承重墙平行的面作为施工面。

3. 停机位置选择：设备机身距建筑物的垂直距离为 3～5m，机身行走方向与承重梁（墙）平行，大臂与承重梁（墙）成 45°～60°角。

4. 打击点选择：打击顶层立柱的中下部，让顶板、承重梁自然下榻，打断一根立柱后向后退，再打下一根，直至最后。对于承重墙要打顶层上部，防止碎块下落砸坏设备。

5. 清理工作面：用挖掘机将解体的碎块运至后方空地作进一步破碎，空出镐头机作业通道，进行下一跨作业。

9.3.3 机械拆除的注意事项

1. 当采用机械拆除时，应从上至下、逐层分段进行，先拆除非承重结构，再拆除承重结构。拆除框架结构建筑，必须按楼板、次梁、主梁、柱子的顺序进行施工。对只进行部分拆除的建筑，必须先将保留部分加固后再进行分离拆除。

2. 施工中必须由专人负责监测被拆除建筑的结构状态，做好记录。当发现有不稳定状态的趋势时，必须停止作业，采取有效措施，消除隐患。

3. 拆除施工时，应按照施工组织设计选定的机械设备及吊装方案进行施工，严禁超载作业或任意扩大使用范围。机械设备包括液压剪、液压锤等，供机械设备使用的场地必须保证足够的承载力。应具备保证机械设备不发生塌陷、倾覆的工作面。作业中机械不得同时回转、行走。

4. 进行高处拆除作业时，对较大尺寸的构件或沉重的材料，必须采用起重机具及时吊下。拆卸下来的各种材料应及时清理，分类堆放在指定场所，严禁向下抛掷。较大尺寸构件和沉重材料是指楼板、屋架、梁、柱、混凝土构件等。

5. 采用双机台吊作业时，应选用起重性能相似的起重机，每台起重机载荷不得超过允许载荷的 80%。在吊装过程中，两台起重机的吊钩滑轮组应保持垂直状态，且应对每一吊进行试吊作业。施工中必须保持两台起重机同步作业。

6. 拆除吊装作业的起重机司机，必须严格执行操作规程。信号指挥人员必须按照现行国家标准 GB/T 5082—2019《起重吊运指挥信号》的规定作业。

7. 拆除钢屋架时，必须采用绳索将其拴牢，待起重机吊稳后，方可进行气焊切割作业。吊运过程中，应采用辅助措施使吊物处于稳定状态。

8. 拆除桥梁时应先拆除桥面的附属设施及挂件、护栏等。

9. 应根据被拆除物高度选择拆除机械，不可超高作业。打击点必须选在顶层，不可选在次顶层甚至以下。

10. 镐头机作业高度不够时，可以用建筑垃圾垫高机身以满足高度需求，但垫层高度不得超过 3m，其宽度不得小于 3.5m，两侧坡度不得大于 60°。

11. 人、机不可立体交叉作业。机械作业时，在机械回旋半径内不得有人工作业。

12. 严禁在有地下管线处机械作业。如果一定要作业，必须在地面垫整块钢板或走道板，以保护地下管线安全。

13. 在地下管线两侧严禁开挖深沟。如一定要开挖深沟，必须先在有管线的一侧打钢板桩，钢板桩的长度为沟深的 2～2.5 倍，当沟深超过 1.5m 时，必须设内撑以防塌方伤害管线。

14. 机械拆除在分段分割时，必须确保未拆除部分结构的整体完整和稳定。

10 施工用电安全技术

10.1 施工现场临时用电的施工组织设计

按照 JGJ 46—2005《施工现场临时用电安全技术规范》的规定,施工现场临时用电设备在 5 台及以上或设备总容量在 50kW 及以上者,应编制临时用电施工组织设计。

施工现场临时用电设备在 5 台以下和设备总容量在 50kW 以下者,可不编制临时用电施工组织设计,但应编制安全用电措施和电气防火措施,并且严格履行"编制、审核、批准"程序。

10.2 接地与接零

10.2.1 接地

1. 接地是指设备的一部分为形成导电通路与大地的连接,即将电气设备的某一可导电部分与大地之间用导体连接。接地主要有以下四种类别:

(1)工作接地:是指为了电路或设备达到运行要求的接地,如变压器低压中性点和发电机中性点的接地,阻值应小于 4Ω。

(2)保护接地:是指电气设备正常情况下不带电的金属外壳和机械设备的金属构架(件)的接地,阻值应小于 4Ω。

(3)重复接地:是指设备接地线上一处或多处通过接地装置与大地再次连接的接地。在一个施工现场中,重复接地不能少于三处(始端、中间、末端),阻值应小于 10Ω。

(4)防雷接地:防雷装置(避雷针、避雷器等)的接地。做防雷接地的电气设备,必须同时做重复接地,阻值应小于 30Ω。

2. 在施工现场专用的中性点直接接地的电力线路中必须采用 TN-S 接零保护系统,电气设备的金属外壳必须与专用保护零线连接。专用保护零线(简称保护零线)应由工作接地线、配电室的零线或第一级漏电保护器电源侧的零线引出。

3. 在施工现场与外电线路共用同一供电系统时,电气设备应根据当地的要求作保护接零,或作保护接地。不得一部分设备作保护接零,另一部分设备作保护接地。

4. 在只允许作保护接地的系统中,因条件限制接地有困难时,应设置操作和维修电气装置的绝缘台,并必须使操作人员不致偶然触及外物。

5. 施工现场的电力系统严禁利用大地作地线或零线。

10.2.2 接零

1. 接零即电气设备与零线连接。接零可分为以下两种:

（1）工作接零：电气设备因运行需要而与工作零线连接。

（2）保护接零：正常情况下，电气设备不带电的金属外壳和机械设备的金属构架与保护零线连接。

2. 施工现场所有用电设备，除保护接零外，必须在设备负荷线的首端处设置漏电保护装置。

10.2.3 接地与接零保护系统

1. TN-S 三相五线制的设置要求（图 10-1）

（1）施工现场专用变压器供电时，TN-S 接零保护系统中电气设备的金属外壳必须与保护零线连接。保护零线应由工作接地线、配电室（总配电箱）电源侧零线或总漏电保护器电源侧零线处引出。

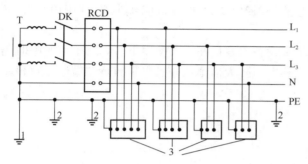

图 10-1 专用变压器供电时 TN-S 接零保护系统示意图
1—工作接地；2—PE 线重复接地；3—电气设备金属外壳（正常不带电的外露可导电部分）；L₁、L₂、L₃—相线；N—工作零线；PE—保护零线；DK—总电源隔离开关；RCD—漏电保护器；T—变压器

（2）在 TN 接零保护系统中，通过总漏电保护器的工作零线与保护零线之间不得再做电气连接。PE 零线应单独敷设。重复接地线必须与 PE 线相连接，严禁与 N 线相连接。

（3）施工现场的临时用电电力系统严禁利用大地作相线或零线。

（4）保护零线必须采用绝缘导线。配电装置和电动机械相连接的 PE 线应为截面不小于 2.5mm² 的绝缘多股铜线。手持式电动工具的 PE 线应为截面不小于 1.5mm² 的绝缘多股铜线。

（5）PE 线上严禁装设开关或熔断器，严禁通过工作电流，且严禁断线。

（6）相线、N 线、PE 线的颜色标记必须符合以下规定：相线 L₁（A）、L₂（B）、L₃（C）的绝缘颜色依次为黄、绿、红色，N 线的绝缘颜色为淡蓝色，PE 线的绝缘颜色为绿黄双色。任何情况下上述颜色标记严禁混用和互相代用。

（7）在 TN 系统中，下列电气设备不带电的外露可导电部分应做保护接零：

a. 电机、变压器、电器、照明器具、手持式电动工具的金属外壳；

b. 电气设备传动装置的金属部件；

c. 配电柜与控制柜的金属框架；

d. 配电装置的金属箱体、框架及靠近带电部分的金属围栏和金属门；

e. 电力线路的金属保护管、敷线的钢索、起重机的底座和轨道、滑升模板金属操作平台；

f. 安装在电力线路杆（塔）上的开关、电容器等电气装置的金属外壳及支架；

g. 城防、人防、隧道等潮湿或条件特别恶劣施工现场的电气设备。

2. 接地与接地电阻

（1）TN 系统中的保护零线除必须在配电室或总配电箱处做重复接地外，还必须在配电系统的中间和末端处做重复接地。

（2）在 TN 系统中，保护零线每一处重复接地装置的接地电阻不应大于 10Ω。在工作接地电阻值允许达到 10Ω 的电力系统中，所有重复接地的等效电阻值不应大于 10Ω。

（3）在 TN 系统中，严禁将单独敷设的工作零线再做重复接地。

（4）接地装置的设置应考虑土壤干燥或冻结等季节变化的影响，每一接地装置的接地线应采用 2 根及以上导体，在不同点与接地体做电气连接。不得采用铝导体做接地体或地下接地线。垂直接地体宜采用角钢、钢管或光面圆钢，不得采用螺纹钢。接地可利用自然接地体，但应保证其电气连接和热稳定。

3. 防雷

（1）施工现场内的起重机、井字架、龙门架等机械设备，以及钢脚手架和正在施工在建工程等金属结构，当在相邻建筑物、构筑物等设施的防雷装置接闪器的保护范围以外时，应按规定安装防雷装置。

（2）机械设备或设施的防雷引下线可利用该设备或设施的金属结构体，但应保证电气连接。

（3）机械设备上的避雷针（接闪器）长度应为 1～2m。塔式起重机可不另设避雷针（接闪器）。

（4）安装避雷针（接闪器）的机械设备，所有固定的动力、控制、照明、信号及通信线路，宜采用钢管敷设。钢管与该机械设备的金属结构体应做电气连接。

（5）施工现场内所有防雷装置的冲击接地电阻值不得大于 30Ω。

（6）做防雷接地机械上的电气设备，所连接的 PE 线必须同时做重复接地，同一台机械电气设备的重复接地和机械的防雷接地可共用同一接地体，但接地电阻应符合重复接地电阻值的要求。

10.3　架空电缆线路安全要求

1. 架空敷设的电缆宜选用无铠装电缆。

2. 架空电缆应沿电杆、支架或墙壁敷设，并采用绝缘子固定，绑扎线必须采用绝缘线，固定点间距应保证电缆能承受自重所带来的荷载，敷设高度应符合 JGJ 46—2005《施工现场临时用电安全技术规范（附条文说明）》的要求，但沿墙壁敷设时最大弧垂距地不得小于 2.0m。架空电缆严禁沿脚手架、树木或其他设施敷设。

3. 在建工程内的电缆线路必须采用电缆埋地引入，严禁穿越脚手架引入。电缆垂直敷设应充分利用在建工程的竖井、垂直孔洞等，并宜靠近用电负荷中心，固定点每楼层不得少于 1 处。电缆水平敷设宜沿墙或门口刚性固定，最大弧垂距地不得小于 2.0m。

4. 装饰装修工程或其他特殊阶段，应补充编制单项施工用电方案。电源线可沿墙角、地面敷设，但应采取防机械损伤和防电火措施。

5. 电缆线路必须有短路保护和过载保护。

6. 在建工程（含脚手架具）的外侧边缘与外电架空线路的边线之间必须保持安全操作距离。最小安全操作距离应不小于表 10-1 所列数值。

7. 施工现场的机动车道与外电架空线路交叉时，架空线路的最低点与路面的垂直距离应不小于表 10-2 所列数值。

**表 10-1　在建工程（含脚手架具）的外侧边缘与外电架空线路
的边线之间的最小安全操作距离**

外电线路电压	1kV 以下	1~10kV	35~110kV	154~220kV	330~500kV
最小安全操作距离（m）	4	6	8	10	15

表 10-2　施工现场的机动车道与外电架空线路交叉时的最小垂直距离

外电线路电压	1kV 以下	1~10kV	35kV
最小垂直距离（m）	6	7	7

8. 旋转臂架式起重机的任何部位或被吊物边缘与 10kV 以下的架空线最小水平距离不得小于 2m。

9. 经常过负荷的线路、易燃易爆物邻近的线路、照明线路，必须有过负荷保护。

10. 电缆干线应采用埋地或架设敷设，严禁沿地面明设，并应避免机械损伤和介质腐蚀。

11. 电缆穿越建筑物、构筑物、道路、易受机械损伤的场所及引出地面从 2m 高度至地下 0.2m 处，必须加设护套管。

12. 橡皮电缆架空敷设时，应沿墙壁或电杆设置，并用绝缘子固定，严禁使用金属裸线作绑线。固定点间距应保证橡皮电缆能承受自重所带来的荷重，橡皮电缆的最大弧垂距地不得小于 2.5m。

10.4　配电箱及开关箱

10.4.1　配电箱、开关箱的设置位置要求

1. 总配电箱应设在靠近电源的区域，分配电箱应设在用电设备或负荷相对集中的区域。分配电箱与开关箱的距离不得超过 30m，开关箱与其控制的固定式用电设备的水平距离不宜超过 3m。

2. 配电箱、开关箱应装设在干燥、通风及常温场所，不得装设在有严重损伤作用的瓦斯、烟气、沼气及其他有害介质中，亦不得装设在易受外来固体物撞击、强烈振动、液体浸溅及热源烘烤场所。否则，应予清除或做防护处理。

3. 配电箱、开关箱周围应有足够 2 人同时工作的空间和通道，不得堆放任何妨碍操作、维修的物品，不得有灌木、杂草。

4. 配电箱、开关箱应装设端正、牢固。固定式配电箱、开关箱的中心点与地面的垂直距离应为 1.4~1.6m。移动式配电箱、开关箱应装设在坚固、稳定的支架上，其中心点与地面的垂直距离宜为 0.8~1.6m。

10.4.2　配电箱、开关箱电器的安装要求

1. 配电箱、开关箱内的电器必须可靠、完好，严禁使用破损、不合格的电器。

2. 配电箱、开关箱内的电器（含插座）应先安装在金属或非木质阻燃绝缘电器安装板上，然后方可整体紧固在配电箱、开关箱箱体内。金属电器安装板与金属箱体应做电气

连接。

3. 配电箱的电器安装板上必须分设 N 线端子板和 PE 线端子板。N 线端子板必须与金属电器安装板绝缘，PE 线端子板必须与金属电器安装板做电气连接。进出线中的 N 线必须通过 N 线端子板连接，PE 线必须通过 PE 线端子板连接。

4. 配电箱、开关箱内的连接线必须采用铜芯绝缘导线。导线绝缘的颜色标志应按要求配置并排列整齐。导线分支接头不得采用螺栓压接，应采用焊接并做绝缘包扎，不得有外露带电部分。

5. 配电箱和开关箱的金属箱体、金属电器安装板以及电器正常不带电的金属底座、外壳等必须通过 PE 线端子板与 PE 线做电气连接，金属箱门与金属箱体必须采用编织软铜线做电气连接。

6. 每台用电设备应有各自专用的开关箱，必须实行"一机一闸"制，严禁用同一开关电器直接控制二台及二台以上用电设备（含插座）。

7. 开关箱中必须装设漏电保护器。

8. 开关箱内漏电保护器的额定漏电动作电流应不大于 30mA，额定漏电动作时间应不小于 0.1s。

9. 进入开关箱的电源线，严禁用插销连接。

10.4.3 配电箱、开关箱导线进出口处的要求

1. 配电箱、开关箱中导线的进线口和出线口应设在箱体的下底面。

2. 配电箱、开关箱的进出线口应配置固定线卡，进出线应加绝缘护套并成束卡固定在箱体上，不得与箱体直接接触。移动式配电箱、开关箱的进出线应采用橡皮护套绝缘电缆，不得有接头。

3. 配电箱、开关箱的电源进线端严禁采用插头和插座做活动拉接。

4. 配电箱、开关箱的进线和出线严禁承受外力，严禁与金属尖锐断口、强腐蚀介质和易燃易爆物接触。

10.4.4 漏电保护器

1. 漏电保护器应装设在总配电箱、开关箱靠近负荷的一侧，且不得用于启动电气设备的操作。

2. 开关箱中漏电保护器的额定漏电动作电流不应大于 30mA，额定漏电动作时间不应大于 0.1s。使用潮湿或有腐蚀介质场所的漏电保护器应采用防溅型产品，其额定漏电动作电流不应大于 15mA，额定漏电动作时间不应大于 0.1s。总配电箱中漏电保护器的额定漏电动作电流应大于 30mA，额定漏电动作时间应大于 0.1s，但其额定漏电动作电流与额定漏电动作时间的乘积不应大于 30mA·s。

3. 总配电箱和开关箱中漏电保护器的极数和线数必须与其负荷侧负荷的相数和线数一致。

4. 配电箱、开关箱中的漏电保护器宜选用无辅助电源型（电磁式）产品，或选用辅助电源故障时能自动断开的辅助电源型（电子式）产品。当选用辅助电源故障时，不能自动断开的辅助电源型（电子式）产品时，应同时设置缺相保护。

5. 漏电保护器应按产品说明书安装、使用，对搁置已久重新使用或连续使用的漏电保护器应逐月检测其特性，发现问题应及时修理或更换。

6. 漏电保护器的正确接线方法应按图 10-2 选用。

系统		接线
三相220/380V接零保护系统	专用变压器供电TN-S系统	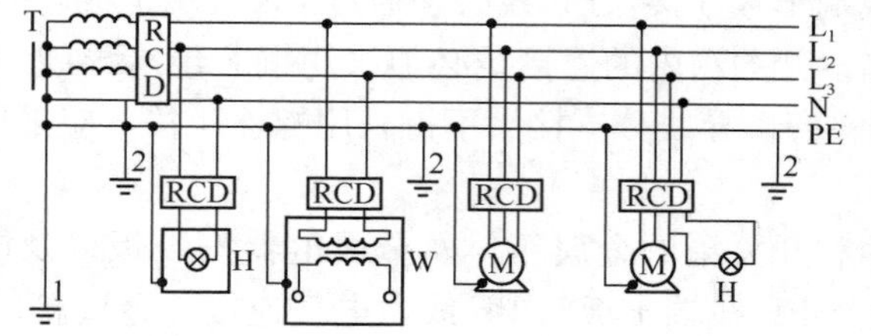
	三相四线制供电局部TN-S系统	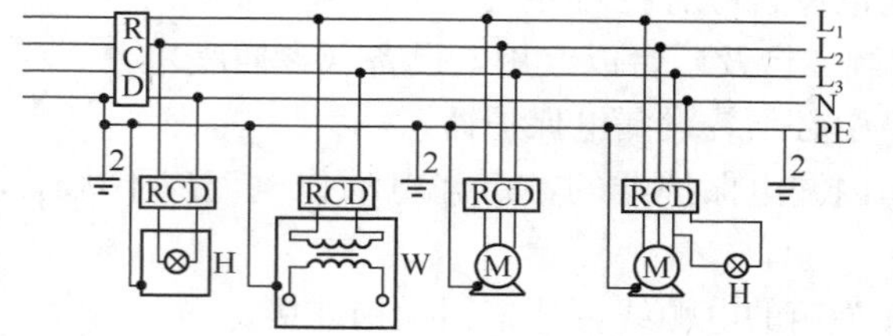

图 10-2　漏电保护器使用正确接线方法示意图

L_1、L_2、L_3—相线；N—工作零线；PE—保护零线；

1—工作接地；2—PE 线重复接地；T—变压器；RCD—漏电保护器；

H—照明器；W—电焊机；M—电动机

10.4.5　配电箱及开关箱的使用和维修

1. 配电箱、开关箱应有名称、用途、分路标记及系统接线图，并应由专人负责。

2. 配电箱、开关箱应定期检查、维修。检查、维修人员必须是专业电工。检查、维修时必须按规定穿戴绝缘鞋、手套，必须使用电工绝缘工具，并应做检查、维修工作记录。

3. 对配电箱、开关箱进行定期维修、检查时，必须将其前一级相应的电源、隔离开关分闸断电，并悬挂“禁止合闸，有人工作”停电标志牌，严禁带电作业。

4. 配电箱、开关箱必须按照下列顺序操作：①进电操作顺序为总配电箱→分配电箱→开关箱；②停电操作顺序为开关箱→分配电箱→总配电箱。但出现电气故障的紧急情况可除外。

5. 施工现场停止作业 1 小时以上时，应将动力开关箱断电上锁。

6. 配电箱、开关箱内不得放置任何杂物，并应保持整洁。不得随意挂接其他用电设备。配电箱、开关箱内的电器配置和接线严禁随意改动。

7. 熔断器的熔体更换时，严禁采用不符合原规格的熔体代替漏电保护器。每天使用前应启动漏电试验按钮试跳一次，试跳不正常时严禁继续使用。

10.4.6　配电箱及开关箱电器装置的选择

1. 总配电箱

总配电箱的电器应具备电源隔离，正常接通与分断电路，以及短路、过载、漏电保护功能。电器设置应符合下列原则：

（1）当总路设置总漏电保护器时，还应装设总隔离开关、分路隔离开关及总断路器、分路断路器或总熔断器、分路熔断器。当所设总漏电保护器是同时具备短路、过载、漏电保护功能的漏电断路器时，可不设总断路器或总熔断器。

（2）当各分路设置分路漏电保护器时，还应装设总隔离开关、分路隔离开关以及总断路器、分路断路器或总熔断器、分路熔断器。当分路所设漏电保护器是具备短路、过载、漏电保护功能的漏电断路器时，可不设分路断路器或分路熔断器。

（3）隔离开关应设置于电源进线端，应采用分断时具有可见分断点并能同时断开电源所有电极的隔离电器。如采用分断时具有可见分断点的断路器，可不另设隔离开关。

（4）熔断器应选用具有可靠灭弧分断功能的产品。

（5）总开关电器的额定值、动作整定值应与分路开关电器的额定值、动作整定值相适应。

（6）总配电箱应装设电压表、总电流表、电度表及其他需要的仪表。专用电能计量仪表的装设应符合当地供用电管理部门的要求。装设电流互感器时，其二次回路必须与保护零线有一个连接点，且严禁断开电路。

（7）总配电箱以下可设若干分配电箱。

2. 分配电箱

（1）分配电箱应装设总隔离开关、分路隔离开关以及总断路器、分路断路器或总熔断器、分路熔断器，其设置和选择应符合规范要求。

（2）分配电箱以下可设若干开关箱。

3. 开关箱

（1）每台用电设备必须有各自专用的开关箱，严禁用同一个开关箱直接控制 2 台及 2 台以上用电设备（含插座）。

（2）开关箱中各种开关电器的额定值和动作整定值应与其控制用电设备的额定值和特性相适应。

（3）开关箱必须装设隔离开关、断路器或熔断器以及漏电保护器。当漏电保护器是同时具有短路、过载、漏电保护功能的漏电断路器时，可不装设断路器或熔断器。隔离开关应采用分断时具有可见分断点，能同时断开电源所有电极的隔离电器，并应设置于电源进线端。当断路器是具有可见分断点时，可不另设隔离开关。

（4）开关箱中的隔离开关只可直接控制照明电路和容量不大于 3.0kW 的动力电路，但不应频繁操作。存量大于 3.0kW 的动力电路应采用断路器控制，操作频繁时还应附设接触器或其他启动控制装置。

（5）熔断器的熔体更换时，严禁用不符合原规格的熔体代替。

10.5 现场照明

10.5.1 照明器安全电压的选用

1. 一般场所宜选用额定电压为 220V 的照明器。

2. 下列特殊场所应使用安全电压特低的照明器：

（1）隧道、人防工程、高温、有导电灰尘、比较潮湿或灯具离地面高度低于 2.5m 等场所的照明，电源电压不应大于 36V；

（2）潮湿和易触及带电体场所的照明，电源电压不得大于 24V；

（3）特别潮湿场所、导电良好的地面、锅炉或金属容器内的照明，电源电压不得大于 12V。

3. 使用行灯应符合下列要求：

（1）电源电压不大于 36V；

（2）灯体与灯柄应坚固、绝缘良好并耐热、耐潮湿；

（3）灯头与灯体结合牢固，灯头无开关；

（4）灯泡外部有金属保护网；

（5）金属网、反光罩、悬吊挂钩均应固定在灯具的绝缘部位上。

4. 远离电源的小面积工作场地、道路照明、警卫照明或额定电压为 12～36V 照明的场所，其电压允许偏移值为额定电压值的 5%～ 10%，其余场所电压允许偏移值为额定电压值的 ±5%。

10.5.2 照明装置

1. 照明灯具的金属外壳必须与 PE 线相连接、照明开关箱内必须装设隔离开关、短路与过载保护电器和满电保护器，并应符合相关规范的规定。

2. 室外 220V 灯具距地面不得低于 3m，室内 220V 灯具距地面不得低于 2.5m。

3. 普通灯具与易燃物的距离不宜小于 300mm。

4. 聚光灯、碘钨灯等高热灯具与易燃物的距离不宜小于 500mm，且不得直接照射易燃物。达不到规定安全距离时，应采取隔热措施。碘钨灯及钠、铊、铟等金属卤化物灯具的安装高度宜在 3m 以上，灯线宜固定在接线柱上，不得靠近灯具表面。

5. 路灯的每个灯具应单独装设熔断器保护，灯头线应做防水弯。

6. 荧光灯管应采用管座固定或用吊链悬挂。荧光灯的镇流器不得安装在易燃的结构物上。

7. 投光灯的底座应安装牢固，应按需要的光轴方向将枢轴拧紧固定。

8. 螺口灯头的绝缘外壳应无损伤、不漏电，相线接在与中心触头相连的一端，零线接在与螺纹口相连的一端。

9. 灯具内的接线必须牢固，灯具外的接线必须做可靠的防水绝缘包扎。

10. 暂设工程的照明灯具宜采用拉线开关控制，拉线开关距地面高度为 2～3m，拉线的出口向下；其他开关距地面高度为 1.3m，与出入口的水平距离均为 0.15～0.2m。

11. 灯具的相线必须经开关控制，不得将相线直接引入灯具。

12. 对夜间影响飞机或车辆通行的在建工程及机械设备，必须设置醒目的红色信号灯，其电源应设在施工现场总电源开关的前侧，并应设置外电线路停止供电时的应急自备电源。

13. 停电后，操作人员需要及时撤离现场的特殊工程，必须装设自备电源的应急照明。

14. 对下列特殊场所应使用安全电压照明器：

（1）有高温、导电灰尘或灯具离地面高度低于 2.4m 等场所的照明，电源电压应不大于 36V。

（2）在潮湿和易触电及带电体场所的照明电源电压不得大于 24V。

（3）在特别潮湿的场所、导电良好的地面、锅炉或金属容器内工作的照明电源电压不得大于 12V。

15. 照明变压器必须使用双绕组型，严禁使用自耦变压器。

11 特种作业人员管理

建筑施工特种作业人员是指房屋建筑和市政工程施工活动中，从事可能对本人、他人及周围设施设备的安全造成重大危害作业的人员。建筑施工特种作业包括：建筑电工、建筑焊工（含焊接工、切割工）、建筑普通脚手架架子工、建筑附着升降脚手架架子工、建筑起重信号司索工（含指挥）、建筑塔式起重机司机、建筑施工升降机司机、建筑物料提升机司机、建筑塔式起重机安装拆卸工、建筑施工升降机安装拆卸工、建筑物料提升机安装拆卸工、高处作业吊篮安装拆卸工。

本章主要讲述与室内装饰装修工程密切相关的建筑电工、建筑焊工和建筑普通脚手架架子工的安全管理相关知识和技术。

11.1 电工

11.1.1 外线电工

1. 电工作业必须经专业安全技术培训，考试合格，持《建筑施工特种作业操作资格证》方准上岗独立操作。非电工严禁进行电气作业。

2. 电工接受施工现场暂设电气安装任务后，必须认真领会落实临时用电安全施工组织设计（施工方案）和安全技术措施交底的内容，施工用电线路架设必须按施工图规定进行，凡临时用电使用超过6个月（含6个月）以上的，应按正式线路架设。改变安全施工组织设计规定，必须经原审批人员同意签字，未经同意不得改变。

3. 电工作业时，必须穿绝缘鞋，必要时戴绝缘手套，严禁带病和酒后操作。

4. 所有绝缘、检测工具应妥善保管，严禁他用，并应定期检查、校验。所有接地或接零处，必须保证可靠电气连接。保护线 PE 必须采用绿/黄双色线，严格与相线、工作零线相区别，不得混用。

5. 电气设备的设置、安装、防护、使用、维修必须符合 JGJ 46—2005《施工现场临时用电安全技术规范》的要求。

6. 在施工现场专用的中性点直接接地的电力系统中，必须采用 TN-S 接零保护。

7. 电气设备不带电的金属外壳、框架、部件、管道、金属操作台和移动式碘钨灯的金属柱等，均应做保护接零。

8. 定期和不定期对临时用电工程的接地、设备绝缘和漏电保护开关进行检测、维修，发现隐患及时消除，并建立检测维修记录。

9. 施工现场搬运电杆时，应由专人指挥。小车搬运，必须绑扎牢固，防止滚动。人抬时，前后要响应，协调一致。

10. 人工立电杆时，应有专人指挥。立杆前检查工具是否牢固可靠。地锚钎子要牢固可靠，缆风绳各方向吃力应均匀。操作时，互相配合，听从指挥，用力均衡；机械立杆，吊车臂下不准站人，上空（吊车起重臂杆回转半径内）所有带电线路必须停电。

11. 电杆就位移动时，坑内不得有人。电杆立起后，必须先架好叉木，才能撤去吊钩。电杆坑填土夯实后才允许撤掉叉木、缆风绳。

12. 登杆作业应符合以下要求：

（1）登杆组装横担时，活扳子开口要合适，不得用力过猛。

（2）登杆脚扣规格应与杆径相适应。使用脚踏板、钩子应向上。使用的机具、护具应完好无损。操作时系好安全带，并拴在安全可靠处，扣环扣牢，严禁将安全带拴在瓷瓶或横担上。

（3）杆上作业时，禁止上下投掷料具。料具应放在工具袋内，上下传递料具的小绳应牢固可靠。人递完料具后，要离开电杆 3m 以外。

（4）杆上紧线应侧向操作，并将夹紧螺栓拧紧。紧有角度的导线时，操作人员应在外侧作业。紧线时装设的临时脚踏支架应牢固，如用大竹梯，必须用绳将梯子与电杆绑扎牢固。调整拉线时，杆上不得有人。

（5）紧绳用的钢丝或钢丝绳，应能承受全部拉力，与电线连接必须牢固。紧线时导线下方不得有人。终端紧线时反方向应设置临时拉线。

（6）遇大雨、大雪及六级以上强风天，应停止登杆作业。

13. 架空线路和电缆线路敷设、使用、维护必须符合 JGJ 46—2005《施工现场临时用电安全技术规范（附条文说明）》的要求。

14. 工程竣工后，临时用电工程拆除，应按顺序先断电源，后拆除，不得留有隐患。

11.1.2 安装电工

1. 设备安装

（1）电气设备安装电工必须持证上岗，不得带病和酒后作业。

（2）安装高压油开关、自动空气开关等有返回弹簧的开关设备时，应将开关置于断开位置。

（3）搬运配电柜时，应有专人指挥，步调一致。多台配电盘（箱）并列安装时，手指不得放在两盘（箱）的接合部位，不得触摸连接螺孔及螺丝。

（4）露天使用的电气设备，应有良好的防雨性能或有可靠的防雨设施。配电箱必须牢固、完整、严密。使用中的配电箱内禁止放置杂物。成品配电箱必须具有生产许可证（3C 强制认证证书）、产品合格证、箱内电器接线图和使用说明书。

（5）剔槽、打洞时，必须戴防护眼镜，锤子柄不得松动，錾子不得卷边、裂纹。打过墙、楼板透眼时，墙体后面、楼板下面不得有人靠近。

2. 内线安装

（1）电气线路安装电工必须持证上岗，不得带病和酒后作业。

（2）安装照明线路时，不得直接在板条天棚、隔声板上行走或堆放材料。因作业需要行走时，必须在大楞上铺设脚手板，天棚内照明应采用 36V 低压电源。

（3）在脚手架上作业，脚手板必须满铺，不得有空隙和探头板。使用的料具，应放入工具袋随身携带，不得投掷。

（4）在平台、楼板上用人力弯管器煨弯时，应选择安全场地，四周做好防护措施。大管径管子灌沙煨管时，必须将沙子用火烘干后灌入。用机械敲打时，下面不得站人，人工敲打上下要错开；管子加热时，管口前不得有人停留。

（5）管子穿带线时，不得对管口呼唤、吹气，防止带线弹出。二人穿线，应配合协调，一呼一应。高处穿线，不得用力过猛。

（6）钢索吊管敷设，在断钢索及卡固时，应预防钢索头扎伤。绷紧钢索应用力适度，防止花篮螺栓折断。

（7）使用套管机、电砂轮、台钻、手电钻时，应保证绝缘良好，并有可靠的接零接地，漏电保护装置灵敏有效。

3. 施工现场变配电及维修

（1）高配电工及维修电工必须持证上岗，不得带病和酒后作业。

（2）现场变配电高压设备，不论带电与否，单人值班严禁跨越遮栏和从事修理工作。

（3）高压带电区域内部分停电工作时，人体与带电部分必须保持安全距离，并应有人监护。

（4）在变配电室内，外高压部分及线路工作时，应按顺序进行。停电、验电悬挂地线，操作手柄应上锁或挂标示牌。

（5）验电时必须戴绝缘手套，按电压等级使用验电器。在设备两侧各相或线路各相分别验电。验明设备或线路确实无电后，即将检修设备或线路做短路接地。

（6）装设接地线，应由两人进行。先接接地端，后接导体端，拆除时顺序相反。拆接时均应穿戴绝缘防护用品。设备或线路检修完毕，必须全面检查无误后，方可拆除接地线。

（7）接地线应使用截面不小于 $25mm^2$ 的多股软裸铜线和专用线夹。严禁使用缠绕的方法进行接地和短路。

（8）用绝缘棒或传统机构拉、合高压开关，应戴绝缘手套。雨天室外操作时，除穿戴绝缘防护用品外，绝缘棒应有防雨罩，应设专人监护。严禁带负荷拉、合开关。

（9）电气设备的金属外壳必须接地或接零。同一供电系统不允许一部分设备采用接零，另一部分采用接地保护。

（10）电气设备所用的保险丝（片）的额定电流应与其负荷量相适应。严禁用其他金属线代替保险丝（片）。

11.2　焊工

11.2.1　电焊工

1. 一般要求

（1）金属焊接作业人员，必须经专业安全技术培训，考试合格，持《建筑施工特种作业操作证》方准上岗独立操作。非电焊工严禁进行电焊作业。明火作业应有动火审批手续和防火措施、监护人员。

（2）操作时应穿电焊工作服、绝缘鞋和戴电焊手套、防护面罩等安全防护用品，高处作业时系安全带。

（3）电焊作业现场周围 10m 范围内不得堆放易燃易爆物品。

（4）雨、雪、风力六级以上（含六级）天气不得露天作业。雨、雪后应清除积水、积雪后方可作业。

（5）操作前应首先检查焊机和工具，如焊钳和焊接电缆的绝缘、焊机外壳保护接地和焊机的各接线点等，确认安全合格后方可作业。

（6）严禁在易燃易爆气体或液体扩散区域内、运行中的压力管道和装有易燃易爆物品的容器内以及受力构件上焊接和切割。

（7）焊接曾经储存易燃、易爆物品的容器时，应根据介质进行多次置换及清洗，并打开所有孔口，经检测确认安全后方可施焊。

（8）在密封容器内施焊时，应采取通风措施。间歇作业时焊工应到外面休息。容器内照明电压不得超过12V。焊工身体应用绝缘材料与焊件隔离。焊接时必须设专人监护，监护人应熟知焊接操作规程和抢救方法。

（9）焊接铜、铝、铅、锌合金金属时，必须穿戴防护用品，在通风良好的地方作业。在有害介质场所进行焊接时，应采取防毒措施，必要时进行强制通风。

（10）施焊地点潮湿或焊工身体出汗后致使衣服潮湿时，严禁靠在带电钢板或工件上，焊工应在干燥的绝缘板或胶垫上作业，配合人员应穿绝缘鞋或站在绝缘板上。

（11）焊接过程中临时接地线头严禁浮搭，必须固定、压紧，用胶布包严。

（12）操作时遇下列情况必须切断电源：

a. 改变电焊机接头时；

b. 更换焊件需要改接二次回路时；

c. 转移工作地点搬动焊机时；

d. 焊机发生故障需进行检修时；

e. 更换保险装置时；

f. 工作完毕或临时离开操作现场时。

（13）焊工高处作业必须遵守下列规定：

a. 必须使用标准的防火安全带，并系在可靠的构架上。

b. 必须在作业点正下方5m外设置护栏，并设专人监护。必须清除作业点下方区域易燃、易爆物品。

c. 必须戴盔式面罩。焊接电缆应绑紧在固定处，严禁绕在身上或搭在背上作业。

d. 焊工必须站在稳固的操作平台上作业，焊机必须放置平稳、牢固，设有良好的接地保护装置。

（14）操作时严禁将焊钳夹在腋下去搬被焊工件或将焊接电缆挂在脖颈上。

（15）焊接时二次线必须双线到位，严禁借用金属管道、金属脚手架、轨道及结构钢筋作回路地线。焊把线无破损、绝缘良好。焊把线必须加装电焊机触电保护器。

（16）焊接电缆通过道路时，必须架高或采取其他保护措施。

（17）焊把线不得放在电弧附近或炽热的焊缝旁，不得碾轧焊把线。应采取防止焊把线被尖利器物损伤的措施。

（18）清除焊渣时应佩戴防护眼镜或面罩。焊条头应集中堆放。

（19）下班后必须拉闸断电，必须将地线和把线分开，并确认工作场所安全后方可离开现场。

2. 电焊设备安全使用

（1）电焊机必须安放在通风良好、干燥、无腐蚀介质、远离高温高湿和多粉尘的地方。露天使用的焊机应搭设防雨棚，焊机应用绝缘物垫起，垫起高度不得小于 20cm，按规定配备消防器材。

（2）电焊机使用前，必须检查绝缘及接线情况，接线部分必须使用绝缘胶布缠严，不得腐蚀、受潮及松动。

（3）电焊机必须设单独的电源开关、自动断电装置。一次线电源线长度应不大于 5m，二次线焊把线长度应不大于 30m。两侧接线应压接牢固，必须安装可靠防护罩。

（4）电焊机的外壳必须设可靠的接零或接地保护。

（5）电焊机焊接电缆线必须使用多股细铜线电缆，其截面应根据电焊机使用规定选用。电缆外皮应完好、柔软，其绝缘电阻不小于 $1M\Omega$。

（6）电焊机内部应保持清洁，定期吹净尘土，清扫时必须切断电源。

（7）电焊机启动后，必须空载运行一段时间。调节焊接电流及急性开关应在空载下进行。直流焊机空载电压不得超过 90V，交流焊机空载电压不得超过 80V。

（8）使用氩弧焊机作业应遵守下列规定：

a. 工作前应检查管路、气管、水管，不得受压、泄漏。

b. 氩气减压阀、管接头不得沾有油脂。安装后应试验，管路应无障碍、不漏气。

c. 水冷型焊机冷却水应保持清洁，焊接中水流量应正常，严禁断水施焊。

d. 高频氩弧焊机，必须保证高频防护装置良好，不得发生短路。

e. 更换钨极时，必须切断电源。磨削钨极必须戴手套和口罩。磨削下来的粉尘应及时清除。钍、铈钨极必须放置在密闭的铅盒内保存，不得随身携带。

f. 氩气瓶内氩气不得用完，应保留 98～226kPa。氩气瓶应直立、固定放置，不得倒放。

g. 作业后切断电源，关闭水源和气源。焊接人员必须及时脱去工作服，清洗手脸和外露的皮肤。

（9）使用二氧化碳气体保护焊机作业应遵守下列规定：

a. 作业前预热 15min，开气时，操作人员必须站在瓶嘴的侧面。

b. 焊钳弹簧失效，应立即更换。钳口处应经常保持清洁。

c. 焊接电缆应具备良好的导电能力，导体不得外露。

d. 二氧化碳气体预热器端的电压不得高于 36V。

e. 二氧化碳气瓶应放在阴凉处，不得靠近热源。最高温度不得超过 30℃，并应放置牢靠。

f. 作业前应检查焊丝的进给机构、电源的连接部分、二氧化碳气体的供应系统以及冷却水循环系统，其均应符合要求。

（10）使用埋弧自动、半自动焊机作业应遵守下列规定：

a. 作业前应进行检查，送丝滚轮的沟槽及齿纹应完好，滚轮、导电嘴（块）必须接触良好，减速箱油槽中的润滑油应充量合格。

b. 软管式送丝机构的软管槽孔应保持清洁，定期吹洗。

（11）焊钳和焊接电缆应符合下列规定：

a. 焊钳应保证任何斜度都能夹紧焊条，且便于更换焊条。

b. 焊钳必须具有良好的绝缘、隔热能力。手柄绝热性能应良好。

c. 焊钳与电缆的连接应简便可靠，并有绝缘外层。

d. 焊接电缆的选择应根据焊接电流的大小和电缆长度，按规定选用较大的截面积。

e. 焊接电缆接头应采用铜导体，且接触良好，安装牢固可靠。

3. 不锈钢焊接

（1）不锈钢焊接的焊工除应具备电焊工的安全操作技能外，还必须熟练地掌握氩弧焊接、等离子切割、不锈钢酸洗钝化等方面的安全防护和安全操作技能。

（2）使用直流焊机应遵守以下规定：

a. 操作前应检查焊机外壳的接地保护、一次电源线接线柱的绝缘、防护罩、电压表、电流表的接线、焊机旋转方向与机身指示标志和接线螺栓等，均合格、齐全、灵敏、牢固方可操作。

b. 焊机应垫平、放稳。多台焊机在一起应留有间距 500mm 以上，必须一机一闸，一次电源线不得大于 5m。

c. 旋转直流弧焊机应有补偿器和"启动""运转""停止"的标记。合闸前应确认手柄是否在"停止"位置上。启动时，辨别转子是否旋转，旋转正常再将手柄扳到"运转"位置。焊接时突然停电，必须立即将手柄扳到"停止"位置。

d. 不锈钢焊接采用"反接极"，即工件接负极。如焊机正负标记不清或转换钮与标记不符，必须用万能表测量出正负极性，确认后方可操作。

e. 不锈钢焊条药皮易脱落，停机前必须将焊条头取下或将焊机把挂好，严禁乱放。

（3）一般不锈钢设备用于贮存或输送有腐蚀性、有毒性的液体或气体物质，不得在带压运行中的不锈钢容器或管道上施焊。不得借路设备管道做焊接导线。

（4）焊接或修理贮存过化学物品或有毒物质的容器或管道，必须采取蒸气清扫、苏打水清洗等措施。置换后，经检测分析合格，打开孔口或注满水再进行焊接。严禁盲目动火。

（5）不锈钢的制作和焊接过程中，焊前对坡口的修整和焊缝的清理使用砂轮打磨时，必须检查砂轮片和紧固，确认安全可靠，戴上护目镜后，方可打磨。

（6）在容器内或室内焊接时，必须有良好的通风换气措施或戴焊接专用的防尘面罩。

（7）氩弧焊应遵守以下规定：

a. 手工钨极氩弧焊接不锈钢，电源采用直流正接，工件接正，钨极接负。

b. 用交流钨极氩弧焊机焊接不锈钢，应采用高频为稳弧措施，将焊枪和焊接导线用金属纺织线进行屏蔽。预防高频电磁场对握焊枪和焊丝的双手的刺激。

c. 手工氩弧焊的操作人员必须穿工作服，扣齐纽扣、穿绝缘鞋、戴柔软的皮手套。在容器内施焊应戴送风式头盔、送风式口罩或防毒口罩等个人防护用品。

d. 氩弧焊操作场所应有良好自然通风或用换气装置将有害气体和烟尘及时排出，确保操作现场空气流通。操作人员应位于上风处，并应采取间歇作业法。

e. 凡患有中枢神经系统器质性疾病、植物神经功能紊乱、活动性肺结核、肺气肿、精神病或神经官能症者，不宜从事氩弧焊不锈钢焊接作业。

（8）不锈钢焊工酸洗和钝化应遵守以下规定：

a. 不锈钢酸洗钝化使用不锈钢丝刷子刷焊缝时，应由里向外推刷子，不得来回刷。从事不锈钢酸洗时，必须穿防酸工作服、戴口罩、防护眼镜、乳胶手套和穿胶鞋。

b. 凡患有呼吸系统疾病者，不宜从事酸洗操作。

c. 化学物品，特别是氢氟酸必须妥善保管，必须有严格领用手续。

d. 酸洗钝化后的废液必须经专门处理，严禁乱倒。

（9）不锈钢等金属在用等离子切割过程中，必须遵守氩弧焊接的安全操作规定。焊接时由于电弧作用所传导的高温，有色金属受热膨胀，当电弧停止时，不得立即去查看焊缝。

11.2.2　气焊工

1. 点燃焊（割）炬时，应先开乙炔阀点火，然后开氧气阀调整火焰。关闭时应先关闭乙炔阀，再关氧气阀。

2. 点火时，焊炬不得对着人，不得将正在燃烧的焊炬放在工件或地面上。焊炬带有乙炔气和氧气时，不得放在金属容器内。

3. 作业中发现气路或气阀漏气时，必须立即停止作业。

4. 作业中若氧气管着火应立即关闭氧气阀门，不得折弯胶管断气；若乙炔管着火，应先关熄炬火，可用弯折前面一段软管的办法止火。

5. 高处作业时，氧气瓶、乙炔瓶、液化气瓶不得放在作业区域正下方，应与作业点正下方保持 10m 以上的距离。必须清除作业区域下方的易燃物。

6. 不得将橡胶软管背在背上操作。

7. 作业后应卸下减压器，拧上气瓶安全帽，将软管盘起捆好，挂在室内干燥处；检查操作场地，确认无着火危险后方可离开。

8. 冬天露天作业时，如减压阀软管和流量计冻结，应使用热水（热水袋）、蒸汽或暖气设备化冻，严禁用火烘烤。

9. 使用氧气瓶应遵守下列规定：

（1）氧气瓶在运输时应平放，并加以固定，其高度不得超过车厢槽帮。

（2）严禁用自行车、叉车或起重设备吊运高压钢瓶。

（3）氧气瓶应设有防震圈和安全帽，搬运和使用时严禁撞击。

（4）氧气瓶阀不得沾有油脂、灰土。不得用带油脂的工具、手套或工作服接触氧气瓶阀。

（5）氧气瓶不得在强烈阳光下曝晒，夏季露天工作时，应搭设防晒罩、棚。

（6）开启氧气瓶阀门时，操作人员不得面对减压器，应用专用工具。开启动作要缓慢，压力表指针应灵敏、正常。氧气瓶中的氧气不得全部用尽，必须保持不小于 49kPa 的压强。

（7）严禁使用无减压器的氧气瓶作业。

（8）安装减压器时，应首先检查氧气瓶阀门，接头不得有油脂，并略开阀门清除油垢，然后安装减压器。作业人员不得正对氧气瓶阀门出气口。关闭氧气阀门时，必须先松开减压器的活门螺丝。

（9）作业中，如发现氧气瓶阀门失灵或损坏不能关闭时，应待瓶内的氧气自动逸尽后，再行拆卸修理。

（10）检查瓶口是否漏气时，应使用肥皂水涂在瓶口上观察，不得用明火试验。

10. 使用乙炔瓶应遵守下列规定：

（1）现场乙炔瓶储存量不得超过5瓶，5瓶以上时应放在储存间。储存间与明火的距离不得小于15m，并应通风良好，设有降温设施、消防设施和通道，避免阳光直射。

（2）储存乙炔瓶时，乙炔瓶应直立，并必须采取防止倾斜的措施。严禁与氯气瓶、氧气瓶及其他易燃、易爆物同间储存。

（3）储存间必须设专人管理，应在醒目的地方设安全标志。

（4）应使用专用小车运送乙炔瓶。装卸乙炔瓶时动作应轻，不得抛、滑、滚、碰。严禁剧烈震动和撞击。

（5）汽车运输乙炔瓶时，乙炔瓶应妥善固定。气瓶宜横向放置，头向一方。直立放置时，车厢高度不得低于瓶高的2/3。

（6）乙炔瓶在使用时必须直立放置。

（7）乙炔瓶与热源的距离不得小于10m。乙炔瓶表面温度不得超过40℃。

（8）乙炔瓶使用时必须装设专用减压器，减压器与瓶阀的连接应可靠，不得漏气。

（9）乙炔瓶内气体不得用尽，必须保留不小于98kPa的压强。

（10）严禁铜、银、汞等及其制品与乙炔接触。

11. 使用液化石油气瓶应遵守下列规定：

（1）液化石油气瓶必须放置在室内通风良好处，室内严禁烟火，并按规定配备消防器材。

（2）气瓶冬季加温时，可使用40℃以下温水，严禁火烤或用沸水加温。

（3）气瓶在运输、存储时必须直立放置，并加以固定，搬运时不得碰撞。

（4）气瓶不得倒置，严禁倒出残液。

（5）瓶阀管子不得漏气，丝堵、角阀丝扣不得锈蚀。

（6）气瓶不得充满液体，应留出10%～15%的气化空间。

（7）胶管和衬垫材料应采用耐油性材料。

（8）使用时应先点火，后开气，使用后关闭全部阀门。

12. 使用减压器应遵守下列规定：

（1）不同气体的减压器严禁混用。

（2）减压器出口接头与胶管应扎紧。

（3）减压器冻结时应采用热水或蒸汽加热解冻，严禁用火烤。

（4）安装减压器前，应略开氧气阀门，吹除污物。

（5）安装减压器前应进行检查，减压器不得沾有油脂。

（6）打开氧气阀门时，必须慢慢开启，不得用力过猛。

（7）减压器发生自流现象或漏气时，必须迅速关闭氧气瓶气阀，卸下减压器进行修理。

13. 使用焊具和割具应遵守下列规定：

（1）使用焊具和割具前必须检查射吸情况，射吸不正常时，必须修理，正常后方可使用。

（2）焊具和割具点火前，应检查连接处和各气阀的严密性，连接处和气阀不得漏气；焊嘴、割嘴不得漏气、堵塞。使用过程中，如发现焊具、割具气体通路和气阀有漏气现象，应立即停止作业，修好后再使用。

（3）严禁在氧气阀门和乙炔阀门同时开启时，用手或其他物体堵住焊嘴或割嘴。

（4）焊嘴或割嘴不得过分受热，温度过高时，应放入水中冷却。

（5）焊具、割具的气体通路均不得沾有油脂。

14. 橡胶软管应遵守下列规定：

（1）橡胶软管必须能承受气体压力；不同种类的气体软管不得混用。

（2）胶管的长度不得小于5m，以10～15m为宜，氧气软管接头必须扎紧。

（3）使用中，氧气软管和乙炔软管不得沾有油脂，不得触及灼热金属或尖刃物体。

11.3 架子工

1. 建筑登高作业架子工，必须经专业安全技术培训，考试合格，持特种作业操作证上岗作业。架子工的学徒工必须办理学习证，在技工带领、指导下操作，非架子工未经同意不得单独进行作业。

2. 架子工必须经过体检，凡患有高血压、心脏病、癫痫病、恐高或视力不够以及不适合于登高作业的，不得从事登高架设作业。

3. 正确使用个人安全防护用品，必须着装灵便（紧身紧袖），在高处（2m以上）作业时，必须佩戴安全带与已搭好的立、横杆挂牢，穿防滑鞋。作业时精神要集中，团结协作、互相呼应、统一指挥，不得"走过档"和跳跃架子，严禁打闹斗殴、酒后上班。

4. 班组（队）接受任务后，必须组织全体人员，认真领会脚手架专项安全施工组织设计和安全技术措施交底，研讨搭设方法，明确分工，并派1名技术好、有经验的人员负责搭设技术指导和监护。

5. 风力六级以上（含六级）强风和高温、大雨、大雪、大雾等恶劣天气，应停止高处露天作业。风、雨、雪过后要进行检查，发现已搭架子倾斜下沉、松扣、崩扣要及时修复，合格后方可使用。

6. 脚手架要结合工程进度搭设，搭设未完的脚手架，在离开作业岗位时，不得留有未固定构件和安全隐患，应确保架子稳定。

7. 在带电设备附近搭、拆脚手架时，宜停电作业。在外电架空线路附近作业时，脚手架外侧边缘与外电架空线路的边线之间的最小安全操作距离不得小于表11-1的数值。

表 11-1 脚手架外侧边缘与外电架空线路边线的最小安全距离

外电线电压等级 （kV）	＜1	1～10	35～110	220	330～500
最小安全操作距离 （m）	4.0	6.0	8.0	10.0	15.0

8. 各种非标准的脚手架，高度过高、跨度过大、负载超重等超过一定规模的危险性较大的脚手架工程，模板工程及支撑体系及特殊架子或其他新型脚手架，应制订专项安全施工组织设计，经专家论证，有关责任单位和责任人批准后，按照批准的意见进行作业。

9. 脚手架搭设到高于在建建筑物顶部时，里排立杆要低于沿口40～50mm，外排立杆高出沿口1～1.5m，搭设两道护身栏和护脚板，并挂密目安全网。

10. 脚手架搭设、拆除、维修和升降必须由架子工负责，非架子工不准从事脚手架操作。

11.4 起重工

11.4.1 一般规定

1. 起重工必须经专门安全技术培训，考试合格持证上岗。严禁酒后作业。

2. 起重工应健康，两眼视力均不得低于 1.0，无色盲、听力障碍、高血压、心脏病、癫痫病、眩晕、突发性昏厥及其他影响起重吊装作业的疾病与生理缺陷。

3. 作业前必须检查作业环境、起重机械（装置）、吊索具、防护用品。吊装区域无闲散人员，障碍已排除。吊索具无缺陷，捆绑正确牢固，被吊物与其他物件无连接。确认安全后方可作业。

4. 轮式或履带式起重机作业时必须确定吊装区域路基及环境安全，并设警戒标志，必要时派人监护。

5. 大雨、大雪、大雾及风力六级以上（含六级）等恶劣天气，必须停止露天起重吊装作业。严禁在带电的高压线下或一侧作业。

6. 指挥信号工必须熟知下列知识和操作能力：

（1）应掌握所指挥起重机的技术性能和起重工作性能，能定期配合司机进行检查。能熟练地运用手势、旗语、哨声和通信设备。

（2）能看懂一般的工程结构施工图，能按现场平面布置图和工艺要求指挥起吊、就位构件、材料和设备等。

（3）掌握常用材料的重量和吊运就位方法及构件重心位置，并能计算非标准构件和材料的重量。

（4）正确地使用吊具、索具，编插各种规格的钢丝绳和绳结。

（5）有防止构件装卸、运输、堆放过程中发生变形的知识。

（6）掌握起重机最大起重量和各种高度、幅度时的起重量，熟知吊装、起重有关安全知识。

（7）具备指挥单机、双机或多机作业的指挥能力。

（8）严格执行"十不吊"的原则：

a. 被吊物重量超过机械性能允许范围不吊；

b. 信号不清不吊；

c. 吊物下方有人不吊；

d. 吊物上站人不吊；

e. 埋在地下物不吊；

f. 斜拉斜牵物不吊；

g. 散物捆绑不牢不吊；

h. 立式构件、大模板等不用卡环不吊；

i. 零碎物无容器不吊；

j. 吊装物重量不明不吊。

7. 挂钩工必须相对固定并熟知下列知识和操作能力：

(1) 必须服从指挥信号的指挥。

(2) 熟练运用手势、旗语、哨声。

(3) 熟悉起重机的技术性能和工作性能。

(4) 熟悉常用材料重量、构件的重心位置及就位方法。

(5) 熟悉构件的装卸、运输、堆放的有关知识。

(6) 能正确使用吊、索具和各种构件的拴挂方法。

8. 作业时必须执行安全技术交底，听从统一指挥。

9. 使用起重机作业时，必须正确选择吊点的位置，合理穿挂索具，试吊。除指挥及挂钩人员外，严禁其他人员进入吊装作业区。

10. 使用两台吊车抬吊大型构件时，吊车性能应一致，单机荷载应合理分配，且不得超过额定荷载的 80%。作业时必须统一指挥，动作一致。

11. 起重机吊装超过一定规模（按住房和城乡建设部《危险性较大的分部分项工程安全管理办法》规定确定）的起重吊装及安装拆卸工程时，必须编制专项施工安全方案，经专家论证，有关责任单位和责任人批准后，按批准意见组织实施。

11.4.2　操作要求

1. 穿绳

确定吊物重心，选好挂绳位置。穿绳应用铁钩，不得将手臂伸到吊物下面。吊运棱角坚硬或易滑的吊物，必须加衬垫，用套索。

2. 挂绳

应按顺序挂绳，吊绳不得相互挤压、交叉、扭压、绞拧。一般吊用兜挂法，必须保护吊物平衡；对于易滚、易滑或超长货物，宜采用绳索方法，卡环锁紧吊绳。

3. 试吊

吊绳套挂牢固，起重机缓慢起升，将吊绳绷紧稍停，起升不得过高。试吊中，指挥信号工、挂钩工、司机必须协调配合。如发现吊物重心偏移或其他物件粘连等情况时，必须立即停止起吊，采取措施并确认安全后方可起吊。

4. 摘绳

落绳、停稳、支稳后方可放松吊绳。对易滚、易滑、易散的吊物，摘绳要用安全钩。挂钩工不得站在吊物上面。如遇不易人工摘绳时，应选用其他机具辅助，严禁攀登吊物及绳索。

5. 抽绳

吊钩应与吊物重心保持垂直，缓慢起绳，不得斜拉、强拉、不得旋转吊臂抽绳。如遇吊绳被压，应立即停止抽绳，可采取提头试吊方法抽绳。吊运易损、易滚、易倒的吊物不得使用起重机抽绳。

6. 吊挂作业应遵守以下规定：

(1) 兜绳吊挂应保持吊点位置准确、兜绳不偏移、吊物平衡。

(2) 锁绳吊挂应便于摘绳操作。

(3) 卡具吊挂时应避免卡具在吊装中被碰撞。

(4) 扁担吊挂时，吊点应对称于吊物中心。

7. 捆绑作业应遵守以下规定：

（1）捆绑必须牢固。

（2）吊运集装箱等箱式吊物装车时，应使用捆绑工具将箱体与车连接牢固，并加垫防滑。

（3）管材、构件等必须用紧线器紧固。

8. 新起重工具、吊具应按说明书检验，试吊后方可正式使用。

9. 长期不用的超重、吊挂机具，必须进行检验、试吊，确认安全后方可使用。

10. 钢丝绳、套索等的安全系数不得小于 8～10 倍。

12 抹灰、涂饰及玻璃工程施工安全技术

12.1 抹灰

1. 脚手架上的施工荷载不得大于 2kN/m²，当使用挂脚手架、吊篮等时，施工荷载不大于 1kN/m²，挂脚手架每跨同时操作人数不超过 2 人。

2. 从事高层建筑外墙抹灰装饰作业时，应遵守高空作业安全技术规程，系好安全带，配置水平安全网，同时，应注意所使用的材料和工具不能乱丢或抛掷。

3. 不能随意拆除、斩断脚手架的拉结，不得随意拆除脚手架上的安全设施，如妨碍施工必须经施工负责人批准后，方能拆除妨碍部位。

4. 手持加工件时要注意不碰伤手指。

5. 对有毒、有刺激、有腐蚀的材料要注意了解熟悉保管和使用方法，穿戴好防护用品及口罩和护目镜，保护眼睛、呼吸道及皮肤。

6. 易燃材料堆放处禁止吸烟，并配备相应的灭火器材。

7. 施工中尽量避免垂直立体交叉作业。

8. 使用各种瓷砖、大理石等装饰面层，加工切割石板时，不应两人面对面作业，使用切砖机、磨砖机、锯片机时，要防止锯片破碎、石碴飞溅伤害身体或眼睛。

12.2 涂饰

1. 施工场地应有良好的通风条件，否则应安装通风设备。

2. 在涂刷或喷涂有毒涂料时，特别是用含铅、苯、乙烯、铝粉等涂料，必须戴防护面罩和密闭式防护眼镜，穿好工作服，扎好领口、袖口、裤脚等处，防止中毒。

3. 在喷涂硝基漆或其他具有挥发性、易燃性溶剂稀释的涂料时，不准使用明火，不准吸烟。罐体或喷漆作业机械应妥善接地，泄放静电。涂刷大面积场地（或室内）时，应采用防爆型电气、照明设备。

4. 使用钢丝刷、板锉及气动、电动工具清除铁锈、铁鳞时，需戴上防护眼镜及防护口罩。

5. 作业人员如果感到头痛、头昏、心悸或恶心时，应立即离开工作现场到通风处换气，必要时送医院治疗。

6. 油漆及稀释剂应专人保管。油漆涂料凝结时，不准用火烤。易燃性原材料应隔离储存。易挥发性原料要用密封好的容器储存。油漆仓库通风性能要良好，库内温度不得过高，仓库建筑要符合国家防火等级规定。

7. 在配料或提取易燃品时不得吸烟，浸擦过油漆、稀释剂的棉纱或擦手布不能随便

乱丢，应全部收集存放在有盖的金属箱内，待不能使用时集中销毁。

8. 工人下班后应洗手和清洗皮肤裸露部分，未洗手之前不触摸其他皮肤或食品，以防刺激引起过敏反应和中毒。

12.3　玻璃工程

装饰工程施工应执行《建筑安全玻璃管理规定》，贯彻 JGJ 113—2015《建筑玻璃应用技术规程》标准，并注意以下几点：

1. 作业人员在搬运玻璃时应戴手套或用布、纸垫住边口锐利部分，以防被玻璃刺伤。

2. 裁划玻璃时应在规定场所进行，边角料要集中堆放并及时处理，以防扎伤他人。

3. 安装两层楼以上的窗户时要系好安全带。

4. 安装窗扇玻璃时要按顺序依次进行，不得在垂直方向的上下两层同时作业，避免玻璃掉落伤人。

5. 安装或修理天窗玻璃时，应在天窗下满铺脚手板以防玻璃和工具掉落伤人，必要时设置防护区域，禁止人员通行。

13 季节、夜间及台风期间的安全施工措施

13.1 季节安全施工措施

13.1.1 夏季安全施工措施

1. 对职工进行防暑降温知识的宣传教育，使职工知道中暑症状，学会急救措施。

2. 合理调整作息时间，避开中午高温时间作业。当工作需要时，应加强防晒防暑保护措施，严格控制加班加点，高处高温作业人员的工作时间要适当缩短，保证工人有充足的休息和睡眠时间。

3. 对高温、高处作业的人员，需经常进行体检，发现有作业禁忌者，应及时调离高温和高处作业岗位。重视年老体弱、中过暑或血压较高工人的身体变化情况。

4. 对高温条件下的作业场所要采取通风和降温措施。对露天作业中的固定场所，应搭设歇凉棚，防止热辐射，并要经常洒水降温。

5. 要保证及时供应符合卫生要求的开水、饮料、绿豆汤，及时给工人发放防暑降温的急救药品和劳动保护用品。

13.1.2 雨季安全施工措施

1. 雨季及洪水期施工应根据当地气象预报及施工所在地的具体情况，做好施工期间的防洪排涝工作。

2. 雨季施工时，施工现场应及时排除积水，人形道的上下坡应挖步梯或铺砂。脚手板、斜道板、跳板上应采取防滑措施。加强对支架、脚手架和土方工程的检查，防止倾倒和坍塌。处于洪水可能淹没地带的机械设备、材料等应做好防范措施，施工人员要提前做好撤离准备，要选好出入通道，防止被洪水包围。

3. 长时间在雨季作业的工程，应根据条件搭设防雨棚，施工中遇有暴风雨应暂停。

4. 电源线不得使用裸导线和塑料线，不得沿地面敷设。配电箱必须防雨、防水，电器布置符合规定，电元件不应破损。机电设备的金属外壳必须采取可靠的接地或接零保护。手持电动工具和机械设备使用时，必须安装合格的漏电保护器。工地临时照明灯、标志灯，其电压不超过 36V。特别潮湿场所的照明灯，电压不超过 12V。电气作业人员，应穿绝缘鞋，戴绝缘手套。

5. 达到一定高度的龙门架、脚手架等应安装避雷装置。

6. 搞好脚手架、龙门架等场地的排水工作，防止沉陷倾斜。坑、槽、沟两边要放足边坡，危险部位要另作支撑，搞好排水工作，防止坍塌。发现问题，应立即停止土方施工。

7. 现场各类机械设备、电器装置、仓库等应做好防潮工作。

8. 保证施工现场运输道通畅。

13.1.3　冬季安全施工措施

起吊重物前，要检查起吊设备各部位是否运转灵活，检查液压油、润滑油是否符合规定要求，防止冻凝和设备故障。

1. 冬季施工应严格执行冬季施工的有关规定，做好防寒保温、防冻等安全保护工作。凡参加施工作业人员，均应接受冬季施工安全教育，并进行安全交底。

2. 必须正确使用质量合格的个人防护用品，特别要防止冻伤事故的发生。

3. 锅炉工必须持证上岗。安装的取暖炉必须符合要求，验收合格后才能使用。

4. 采用热电法施工，要加强检查和维修，防止触电和火灾。

5. 加强用火申请和管理，遵守消防规定，加强防火检查，防止火灾发生。

6. 6级以上大风或大雪，应停止高处作业和吊装作业。

7. 搞好防滑工作。通道防滑条损坏的要及时修补，斜道、通行道、爬梯等作业面上的霜冻、木块、积雪要及时清除。

8. 雨雪天，运输车辆要控制车速，遇到情况要提前减速，防止急刹车。

13.2　夜间安全施工措施

1. 根据现场情况，夜间施工尽量安排噪声小的工作，避免影响邻近居民休息。当因工程需要连续施工时，应提前征得居民的谅解。

2. 夜间施工时，应保证有足够的照明设施，能满足夜间施工需要，并准备备用电源。

3. 施工现场设置明显的交通标志、安全标牌、警戒灯等标志，标志牌具备夜间荧光功能。保证施工机械和施工人员的施工安全。

4. 在人员安排上，夜间施工人员白天必须保证睡眠，不得连续作业。

5. 项目经理部各部门建立夜间施工领导值班和交接班制度，加强夜间施工管理与调度。在项目经理部设置夜间值班室；在施工现场安排现场值班室。

13.3　台风期间的安全施工措施

1. 成立台风期间抢险救灾小组，密切注意现场动态，遇有紧急情况，立即投入现场抢救，使损失降到最低。

2. 台风到来之前要及时安排作业人员撤离到安全区，注意保护设备，并做好设备、机具、材料的防雨工作。对土质边坡及时进行边坡防护，防止雨水冲刷，产生水土流失。

3. 台风到来之前，应对高耸独立的机械、脚手架、未装好的钢筋、模板、临时设施等进行临时加固。堆放在楼面、屋面的小型机具、零星材料要堆放加固好，不能固定的东西要及时搬到建筑物内，高空作业人员应及时撤到安全地带。台风过后，要立即对脚手架、电源线路进行仔细检查，发现问题及时处理，经现场负责人同意后方可复工。

4. 在台风季节应做好的防范及保护措施，包括提供砂堤、砂包防护堤，防止所施工的地下工程遭受破坏，在台风到来时，组织紧急小组随时候命，清理冲下来的泥土、泥浆或垃圾。

14 施工现场防火安全管理

14.1 动火作业

14.1.1 动火区域的划分

根据建筑工程选址位置、施工周围环境、施工现场平面布置、施工工艺、施工部位的不同,将动火区域分为一、二、三级。

1. 一级动火区域(也称禁火区域)

(1)建筑工程周围存在生产或储存易燃易爆品的场所,在防火安全距离范围内的施工部位;

(2)油罐、油箱、油槽车和储存过可燃气体、易燃液体的容器以及连接在一起的辅助设备,各种受压设备;

(3)施工现场内储存易燃易爆危险物品的仓库、库区;

(4)施工现场木工作业处和半成品加工区,现场堆有大量可燃和易燃物质的场所;

(5)在比较密封的室内、容器内、地下室等场所,进行配制或者调和易燃易爆液体和涂刷油漆作业。

2. 二级动火区域

(1)在具有一定危险因素的非禁火区域进行用火作业;

(2)登高焊接或者气割作业区;

(3)砖木结构临时食堂炉灶处。

3. 三级动火区域

(1)无易燃易爆危险物品处的动火作业;

(2)施工现场燃煤茶炉处,冬季燃煤取暖的办公室、宿舍等生活设施;

(3)在非固定的无明显危险因素的场所进行用火作业。

14.1.2 动火证

动火证制度是消防安全的一项重要制度。动火作业前必须申请办理动火证,动火证必须注明动火地点、动火时间、动火人、现场监护人、批准人和防火措施。要做到先申请,后作业;不批准,不动火。

1. 一级动火作业由所在单位行政负责人填写动火申请表,编制安全技术措施方案,报公司保卫部门及消防部门审查批准后,方可动火。动火期限为1天。

2. 二级动火作业由所在工地、车间的负责人填写动火申请表,编制安全技术措施方案,报本单位主管部门审查批准后,方可动火。动火期限为3天。

3. 三级动火作业由所在班组填写动火申请表,工地、车间负责人及主管人员审查批准后,方可动火,动火期限为7天。

4. 古建筑和重要文物单位等场所动火作业，按一级动火手续上报审批。

14.2 施工现场的防火要求

1. 施工现场的平面布局应当以在建工程为中心，明确划分用火作业区、材料堆放区、仓库及临时生活办公区、废品集中站等区域，设置的距离应符合下列要求：

（1）锅炉房、厨房及其他固定用火作业区宜设置在在建工程可燃材料堆场或仓库25m之外；

（2）氧气、乙炔瓶、油漆稀料等易燃易爆危险物品仓库宜设置在施工区、生活办公区25m之外。

2. 施工现场应当设有消防通道，宽度不得小于 3.5m，保证临警时消防车能够停靠施救。

3. 装饰工程施工现场禁止随处吸烟，烟蒂应当丢入有水的烟缸内。易燃易爆危险物品仓库、可燃材料堆场、废品集中站及施工作业区等处应当设置明显的禁烟标志。

4. 在建工程的地下室、半地下室禁止用作施工和其他人员的住宿场所。

5. 在建工程内设置办公场所和临时宿舍的，应当与施工作业区之间采取有效的防火分隔，并设置安全疏散通道，配备应急照明等消防设施。

6. 施工现场动力与照明电源线应当分开设置并配备相应功率的保险装置，严禁乱接乱拉电气线路。施工现场应当设有保证施工安全要求的夜间照明。临时宿舍内禁止使用功率大于 200W 的照明、取暖和电加热设备。

7. 施工现场搭建临时建筑物应当符合下列要求：

（1）高压架空线下禁止搭建临时建筑物和堆放易燃、可燃物品。

（2）办公场所、临时宿舍的耐火等级不得低于三级，禁止搭建木板房。

（3）临时建筑物之间的防火间距不应小于 5m，成组布置的临时建筑物，每组不得超过 10 幢，组与组之间的防火间距不得小于 10m。

（4）临时建筑物不宜超过 2 层，临时宿舍的房间建筑面积大于 $50m^2$ 的，应当设置两个安全出入口。临时宿舍的窗不得用硬质材料封堵。每个房门至疏散楼梯的距离不得超过 25m（位于袋形走道两侧或尽端的房间疏散距离减半）。

14.3 重点部位、重点工种的防火要求

14.3.1 电焊、气割作业的防火要求

1. 气焊设备的防火、防爆要求

氧气瓶与乙炔瓶是气焊工艺的主要设备，属于易燃、易爆的压力容器，其防火要求如下：

（1）乙炔瓶应安装回火防止器，防止气体倒回发生事故。

（2）乙炔瓶应放置在距离明火至少 10m 以外的地方，严禁倒放。

（3）焊割作业时，乙炔瓶和氧气瓶两者使用时的距离不得小于 5m，并应直立使用。

（4）氧气瓶、乙炔瓶不得放置在高压线下面或在太阳下暴晒。

（5）氧气瓶、导管及其零部件不要接触油脂或沾油的物品。

（6）乙炔瓶、氧气瓶不能用尽，必须留有余气。

（7）每天操作前都必须进行认真的检查。尤其是冬期施工完毕后，要及时将乙炔瓶和氧气瓶送回到存放处，采取一定的防冻措施，以免结冻。如果冻结，严禁用明火烘烤或金属敲打，只能用蒸汽、热水等解冻。

（8）测定气体导管及其配装置有无漏气现象时，应用气体探测仪或用肥皂水等简单方法测试，严禁用明火测试。

（9）作业时焊炬要根据金属材料的材质、形状，确定焊炬与金属的距离，不要距离太近。以防喷嘴太热，引起焊炬内自燃回火。

（10）在点火前要检查焊炬是否正常，其方法是检查焊炬的吸力，若开了氧气而乙炔管毫无吸力，则焊炬不能使用。必须及时修复。

2. 电焊设备防火、防爆要求

（1）各种电焊机都应该在额定电压下使用，旋转式直流电焊机应配备足够容量的磁力启动开关，不得使用闸刀开关直接启动。

（2）电焊机应有良好的隔离防护装置，电焊机的绝缘电阻不得小于1MΩ。

（3）电焊机的接线柱、接线孔等应装在绝缘板上，并有防护罩保护。

（4）电焊机应放置在避雨干燥的地方，不准与易燃、易爆物品或容器混放在一起。

（5）室内焊接时，电焊机的位置、线路敷设和操作地点的选择应符合防火安全要求，作业前必须进行检查，焊接导线要有足够的截面面积。

（6）严禁将焊接导线搭在氧气瓶、乙炔瓶、发生器、煤气、液化气等易燃易爆设备上，电焊导线中间不应有接头，如果必须设有接头，其接头处要远离易燃易爆物10m以外。

3. 电、气焊作业的防火要求

（1）在有类似下列情况而又没有采取相应的安全措施时，不允许进行焊接：

a. 制作、加工和储存易燃易爆危险物品的房间内；

b. 储存易燃易爆物品的储罐和容器、管道和设备；

c. 带电设备；

d. 刚涂过油漆的建筑构件或设备。

（2）施工现场的焊、割作业必须符合防火要求，严格执行"十不烧"的规定：

a. 焊工必须持证上岗，无证者不准进行焊、割作业；

b. 属一、二、三级动火范围的焊、割作业，未经办理动火审批手续，不准进行焊割；

c. 焊工不了解焊、割现场周围情况，不得进行焊、割；

d. 焊工不了解焊件内部是否有易燃、易爆物时，不得进行焊、割；

e. 各种装过可燃气体、易燃液体和有毒物质的容器，未经彻底清洗，或未排除危险之前不准进行焊、割；

f. 用可燃材料作保温层、冷却层、隔声。隔热设备的部位，或火星能飞溅到的地方，在未采取切实可靠的安全措施之前，不准焊、割，

g. 有压力或密闭的管道、容器，不准焊、割；

h. 焊、割部位附近有易燃易爆物品，在未作清理或未采取有效的安全防护措施前，不准焊、割；

i. 附近有与明火作业相抵触的工种在作业时，不准焊、割；

j. 与外单位相连的部位，在没有弄清有无险情，或明知存在危险而未采取合理的措施之前，不准焊、割。

（3）对于可燃的墙体和楼板以及存在的孔洞裂缝，导热的金属等要求采取可靠的措施，防止火星落入埋下火种，或金属导热造成火灾。

（4）室内装饰工程，必须在装饰施工前完成电、气焊施工。

（5）在旧建筑维修中使用电、气焊时，要特别注意作业前必须仔细检查焊割部位的墙体、楼板构造和隐蔽部位，不清楚绝不能施工。

（6）要注意风力的大小和风向变化，防止风力把火星吹到附近的易燃物上。遇有五级以上大风天气时，施工现场的高空和露天焊割作业应停止。

（7）焊割现场必须配备灭火器材，危险性较大的应有专人现场监护。

（8）焊割结束或离开操作现场时，必须切断电源、气源。赤热的焊嘴、焊钳以及焊条头等，禁止放在易燃、易爆物品和可燃物上。

14.3.2 涂漆、喷漆作业及油漆工的防火要求

1. 涂漆、喷漆的作业场所内油漆料库和调料间室内禁止一切火源，应有良好的通风，并应采用防爆电器设备，防止形成爆炸极限浓度，引起火灾或爆炸。

2. 油漆料库与调料间应分开设置，应与散发火花的场所保持一定的防火间距。调料间不能兼做更衣室和休息室。

3. 油漆工调料人员不能穿易产生静电的工作服和带钉子的鞋。接触涂料、稀释剂的工具应采用防火花型工具。

4. 对使用中能分解、发热自燃的物料，要妥善管理。性质相抵触、灭火方法不同时品种，应分库存放。调料间内不应存放超过当日加工所用的原料。

5. 浸有涂料、稀释剂的破布、纱团、手套和工作服等应及时清理，不能随意堆放，防止因化学反应而生热，发生自燃。

6. 涂漆，喷漆的施工禁止与焊工同时间、同部位的上下交叉作业。

7. 在维修工程施工中，使用脱漆剂时，应采用不燃性脱漆剂。若使用易燃性脱漆剂时，一次涂刷脱漆剂量控制在能使漆膜起皱膨胀为宜，清除掉的漆膜要及时妥善处理。

14.3.3 木工操作间及木工的防火要求

1. 操作间建筑应采用阻燃材料搭建。操作间内严禁吸烟和用明火作业。

2. 操作间冬季宜采用暖气（水暖）供暖。如用火炉取暖时，必须在四周采取挡火措施。不应用燃烧劈柴、刨花代煤取暖。每个火炉都要有专人负责，下班时要将余火彻底熄灭。

3. 电气设备的安装要符合要求。抛光、电锯等部位的电气设备应采用密封式或防爆式。刨花、锯末较多部位的电动机，应安装防尘罩。配电盘、刀闸下方不能堆放成品、半成品及废料。

4. 操作间只能存放当班的用料，成品及半成品要及时运走。对旧木料一定要经过检查，取出铁钉等金属后，方可上锯锯料。

5. 木工应做到活完场地清，刨花、锯末每班都要打扫干净，倒在指定地点。工作完毕应拉闸断电，并经检查确无火险后方可离开。

14.3.4　电工的防火要求

1. 电工应经过专门培训，掌握安装与维修的安全技术，并经过考试合格后方准独立操作。

2. 施工现场暂设线路、电气设备的安装与维修应执行 JGJ 46—2005《施工现场临时用电安全技术规范（附条文说明）》，暂设线路、电气设备必须由主管部门检查合格后，方可通电使用。

3. 各种电气设备或线路，不应超过安全负荷，并要牢靠、绝缘良好和安装合格的保险设备，严禁用铜丝、铁丝等代替保险丝。

4. 电气设备和线路应经常检查，发现可能引起火花、短路、发热和绝缘损坏等情况时，必须立即修理。定期检查电气设备的绝缘电阻是否符合规定。

5. 放置及使用易燃液体、气体的场所，应采用防爆型电气设备及照明灯具。

6. 不可用纸、布或其他可燃材料做无骨架的灯罩，灯泡与可燃物应保持一定距离。

7. 变（配）电室应保持清洁、干燥。变电室要有良好的通风。配电室内禁止吸烟、生火及保存与配电无关的物品。

8. 电气设备应安装在干燥处，各种电气设备应有妥善的防雨、防潮设施。设备的电闸箱内，必须保持清洁，不得存放其他物品，电闸箱应配锁。

9. 施工现场严禁私自使用电炉、电热器具。

10. 当电线穿过墙壁、苇席或与其他物体接触时，应当在电线上套有磁管等非燃材料加以隔绝。

11. 每年雨季前要检查避雷装置。避雷针接点要牢固，电阻不应大于 10Ω。

14.3.5　仓库的防火要求

1. 仓库的设置

（1）仓库应设在水源充足、消防车能驶到的地方，同时应根据季节风向的变化，设在下风方向。

（2）储量大的易燃仓库，应将生活区、生活辅助区和堆场分开布置。仓库应设两个以上的大门，大门应向外开启。

（3）对易引起火灾的仓库，应将库房内外按 $500\mathrm{m}^2$ 的区域分段设立防火墙，把建筑平面划分为若干个防火单元，以便考虑失火后能阻止火势的扩散。

（4）易燃仓库堆料场与其他建筑物、铁路、道路、高压线的防火间距，应按 GB 50016—2014《建筑设计防火规范》的有关规定执行。

（5）易燃露天仓库的四周，应有不小于 6m 的平坦空地作为消防通道，通道上禁止堆放障碍物。

（6）有明火的生产辅助区和生活用房与易燃堆垛之间，至少应保持 30m 的防火间距。有飞火的烟囱应布置在仓库的下风地带。

（7）在建的建筑物内不得存放易燃易爆物品，尤其是不得将木工加工区设在建筑物内。

2. 易燃易爆物品储存、装卸的注意事项

（1）仓库保管员应当熟悉储存物品的分类、性质、保管业务知识和防火安全制度，掌握消防器材的操作使用和维护保养方法，做好本岗位的防火工作。

（2）易燃仓库堆料场物品应当分类、分堆、分组和分垛存放。每个堆垛面积为木材（板材）不得大于 $300m^2$，稻草不得大于 $150m^2$，锯末不得大于 $200m^2$。堆垛与堆垛之间应留 3m 宽的消防通道。

（3）储存的稻草、锯末、煤炭等物品的堆垛应保持良好通风，应注意堆垛内的温湿度变化。发现温度超过 38℃，或水分过低时应及时采取措施，防止其自燃起火。

（4）固体易燃物品应当与易燃易爆的液体分间存放，不得在一个仓库内混合储存不同性质的物品。

（5）物品入库前应当有专人负责检查，确定无火种等隐患后，方可装卸物品。

（6）拖拉机不准进入仓库、堆料场进行装卸作业，其他车辆进入仓库或露天堆料场装卸时，应安装符合要求的火星熄灭防火罩。

（7）在仓库或堆料场内进行吊装作业时，其机械设备必须符合防火要求，严防产生火星，引起火灾。

（8）装过化学危险物品的车，必须清洗干净后方准装运易燃和可燃物品。

（9）装卸作业结束后，应当对库区、库房进行检查确认安全后，方可离人。

3. 易燃仓库的用电管理

（1）仓库或堆料内一般应使用地下电缆，若有困难需设置架空电力线路时，架空电线与露天易燃物堆垛的最小水平距离不应小于电线杆高度的 1.5 倍。库房内设的配电线路，需穿金属管或用非燃硬塑料管保护。

（2）仓库或堆料场所严禁使用碘钨灯和超过 60W 的白炽灯等高温照明灯具。当使用日光灯等低温照明灯具和其他防燃型照明灯具时，应当对镇流器采取隔热、散热等防火保护措施。照明灯具与易燃堆垛间至少保持 1m 的距离，安装的开关箱、接线盒应距离堆垛外缘不小于 1.5m。不准乱拉临时电气线路。储存大量易燃物品的仓库场地应设置独立的避雷装置。

（3）库房内不准设置移动式照明灯具。照明灯具下方不准堆放物品，其垂点下方与储存物品的水平距离不得小于 0.5m。

（4）库房内不准使用电炉、电烙铁、电熨斗等电热器具和电视机、电冰箱等家用电器。

（5）库区的每个库房应当在库房外单独安装开关箱，保管人员离库时，必须拉闸断电。禁止使用不合规格的电器保险装置。

4. 几种常用易燃材料的储存防火要求

（1）石灰

生石灰能与水发生化学反应，并产生大量热，足以引燃燃点较低的材料，如木材、稻草、席子等。因此，储存石灰的房间不宜用可燃材料搭设，最好用砖石砌筑。石灰表面不得存放易燃材料，并且要有良好的通风条件。

（2）亚硝酸钠

亚硝酸钠作为混凝土的早强剂、防冻剂，广泛使用于建筑工程的冬期施工中。亚硝酸钠这种化学材料与硫、磷及有机物混合时，经摩擦、撞击有引起燃烧或爆炸的危险。因此在储存使用时，要特别注意严禁与硫、磷、木炭等易燃物混放、混运；要与有机物及还原剂分库存放，库房要干燥通风；装运氧化剂的车辆，如有散漏，应清理干净；搬运时要轻拿轻放，要远离高温与明火，要设置灭火剂。灭火剂使用雾状水和砂子。

（3）树脂类防腐蚀材料

环氧树脂、呋喃树脂、酚醛树脂、乙二胺等都是建筑工程常用的树脂类防腐材料，都是易燃液体材料。它们都具有燃点和闪点低、易挥发的共同特性。它们遇火种、高温、氧化剂都有引起燃烧爆炸的危险；与氨水、盐酸、氟化氢、硝酸、硫酸等反应强烈，有爆炸的危险。因此，在储存、使用、运输时，都要注意远离火种，严禁吸烟，温度不能过高，防止阳光直射。应与氧化剂、酸类分库存放，库内要保持阴凉通风。搬运时要轻拿轻放，防止包装破坏外流。

（4）油漆稀释剂

建筑工程施工使用的稀释剂，都是挥发性强闪点低的一级易燃易爆化学流体材料，诸如汽油、松香水等易燃材料。油漆工在休息室内不得存放油漆和稀释剂，油漆和稀释剂必须设库存放，容器必须加盖。

（5）电石

电石本身不会燃烧，但遇水或受潮会迅速分解出乙炔气体。在装箱搬运、开箱使用时要严格遵守以下要求：严禁雨天运输电石，途中遇雨或必须在雨中运输应采取可靠的防雨措施。搬运电石时，发现桶盖密封不严，要在室外开盖放气后，再将盖盖严搬运。要轻搬轻放，严禁用滑板或在地上滚动、碰撞或敲打电石桶。电石桶不要放在潮湿的地方。库房必须是耐火建筑，要有良好的通风条件，库房周围 10m 内严禁明火。库内不准设气、水管道，以防室内潮湿。库内照明设备应用防爆灯，开关采用封闭式并安装在库房外。严禁用铁工具开启电石桶，应用铜制工具开启，开启时人站在侧面。空电石桶未经处理，不许接触明火。小颗粒粉末电石要随时处理，集中倒在指定坑内，而且要远离明火，坑上不准加盖，上面不许有架空线路。电石不要与易燃易爆物质混合存放在一个库内。禁止穿带钉子的鞋进入库内，以防摩擦产生火花。

14.4 特殊施工场所的防火要求

14.4.1 地下工程施工的防火要求

1. 施工现场的临时电源线不宜直接敷设在墙壁或土墙上，应用绝缘材料架空安装。配电箱应采取防水措施。潮湿地段或渗水部位照明灯具应采取相应措施或安装防潮灯具。

2. 施工现场应有不少于 2 个出入口或坡道，施工距离较长时应适当增加出入口的数量。施工区面积不超过 $50m^2$，且施工人员超过 20 人时，可只设一个直通地上的安全出口。

3. 安全出入口、疏散走道和楼梯的宽度应按其通过人数每 100 人不小于 1m 的净宽计算。最小净宽不应小于 1m。每个出入口的疏散人数不宜超过 250 人。

4. 安全出入口、疏散走道、楼梯交叉口、拐弯处、操作区域等部位，应设置火灾事故照明灯、疏散指示标志灯，不宜设置凸出物或堆放施工材料和机具。

5. 火灾事故照明灯的最低照度不低于 5lx。疏散指示标志灯的间距不易过大，距地面高度应为 1~1.2m，标志灯正前方 0.5m 处的地面照度不应低于 1lx。火灾事故照明灯和疏散指示灯工作电源断电后，应能自动合闸启动。

6. 地下工程施工区域应设置消防给水管道和消火栓。不能设置消防用水时,应配备足够数量的轻便消防器材,消防给水管道可以与施工用水管道合用。

7. 在地下工程内部进行局部的油漆粉刷和喷漆时,一次粉刷的量不宜过多,同时在粉刷区域内禁止一切火源,加强通风。

8. 制定应急的疏散计划。

14.4.2   设备安装与调试施工中的防火要求

1. 在设备安装和调试施工前,应进行详细的调查,根据设备安装与调试施工中的火灾危险性及特点,制定消防保卫工作方案,调试运行工作计划或方案,规定必要的制度与措施,做到定人、定岗、定要求。

2. 在有易燃、易爆气体和液体附近进行用火作业前,应先用测量仪器测试可燃气体的爆炸浓度,然后再进行动火作业。长时间动火作业应设专人随时进行测试。

3. 调试过的可燃、易燃液体和气体的管道塔、容器、设备等,在进行修理时,必须使用惰性气体或蒸汽进行置换和吹扫,用测量仪器测定爆炸浓度后,方可进行修理。

4. 调试过程中,应准备一定数量的填料、堵料、工具、设备,对付滴、漏、跑、冒的问题;应组织一支专门的应急力量,随时处理一些紧急事故,减少火灾和隐患。

5. 在有可燃、易燃液体、气体附近的用电设备,应采用与该场所相匹配防火等级的临时用电设备。

14.4.3   高层建筑装饰施工的防火要求

1. 已建成的建筑物楼梯不得封堵。施工脚手架内的作业层应畅通,并搭设不少于2处与主体建筑内相衔接的通道口。

2. 建筑施工脚手架外挂的密目式安全网,必须符合阻燃标准要求,严禁使用不阻燃的安全网。

3. 30m 以上的高层建筑施工,应当设置加压水泵和消防水源管道,管道的立管直径不得小于 50mm,每层应设出水管口,并配备一定长度的消防水管。

4. 高层焊接作业,要根据作业高度、风力、风力传递的次数,确定出火灾危险区域。并将区域内的易燃易爆物品移到安全地方,无法移动的要采取切实的防护措施。

5. 大雾天气和六级以上风时应当停止焊接作业。

6. 高层焊接作业应当办理动火证,动火处应当配备灭火器,并设专人监护,发现险情,立即停止作业,采取措施,及时扑灭火源。

7. 高层建筑装饰施工临时用电线路应使用绝缘良好的橡胶电缆,严禁将线路绑在脚手架上。施工用电机具和照明灯具的电气连接处应当绝缘良好,保证用电安全。

8. 高层建筑应设立防火警示标志。楼层内不得堆放易燃、可燃物品。在易燃处施工的人员不得吸烟和随便焚烧废弃物。

14.5   雨季和夏季施工的防雷、防火要求

14.5.1   雨季和夏季施工的防雷要求

1. 需要有防雷设施的部位

油库、易燃易爆物品库房、塔吊、卷扬机架、脚手架、在施工的高层建筑工程等部位

及设施，都应安装避雷设施。

2. 防雷设施的要求

防雷的方法是安装避雷装置，其基本原理是将雷电引入大地而消失达到防雷的目的。所安装的避雷装置必须能保护住受保护的部位或设施。避雷装置的组成部分必须符合规定。接地电阻不应大于规定的数值。每年雨季之前，应对避雷装置进行一次全面检查，并用仪器进行检测，发现问题及时解决，使避雷装置处于良好状态。

14.5.2　雨季施工中对易燃易爆物品的防火要求

1. 乙炔瓶、氧气瓶、易燃液体等应在库内或棚内存放，禁止露天存放，防止因受雷雨、日晒发生起火事故；

2. 生石灰、石灰粉的堆放应远离可燃材料，防止因受潮或雨淋产生高热，引起周围可燃材料起火；

3. 稻草、草帘、草袋等堆垛不宜过大，垛中应留通气孔，顶部应防雨，防止因受潮、遇雨发生自燃。

14.6　施工现场灭火

14.6.1　灭火方法

根据物质燃烧原理，燃烧必须同时具备可燃物、助燃物和着火源三个条件，缺一不可。而一切灭火措施都是为了破坏已经产生的燃烧条件，或使燃烧反应中的游离基消失而终止燃烧。灭火的基本方法有以下四种。

1. 冷却灭火法

冷却灭火法，就是将灭火剂直接喷洒在燃烧着的物体上，将可燃物的温度降低到燃点以下，从而使燃烧终止。这是扑救火灾最常用的方法。冷却的方法主要是采取喷水或喷射二氧化碳等其他灭火剂，将燃烧物的温度降到燃点以下。灭火剂在灭火过程中不参与燃烧过程中的化学反应，属于物理灭火法。

在火场上，除用冷却法直接扑灭火灾外，在必要的情况下，可用水冷却尚未燃烧的物质，防止达到燃点而起火。还可用水冷却建筑构件、生产装置或容器设备等，以防止它们受热结构变形，扩大灾害损失。

2. 隔离灭火法

隔离灭火法，就是将燃烧物体与附近的可燃物质隔离或疏散开，使燃烧停止。这种方法适用于扑救各种固体、液体和气体火灾。

采取隔离灭火法的具体措施有：将火源附近的可燃、易燃、易爆和助燃物质，从燃烧区内转移到安全地点；关闭阀门，阻止气体、液体流入燃烧区；排除产生装置、设备容器内的可燃气体或液体；设法阻拦流散的易燃、可燃液体或扩散的可燃气体；拆除与火源相毗连的易燃建筑结构，造成防止火势蔓延的空间地带；采用泥土、黄沙筑堤等方法，阻止流淌的可燃液体流向燃烧点。

3. 窒息灭火法

窒息灭火法，就是阻止空气流入燃烧区，或用不燃物质冲淡空气，使燃烧物质断绝氧气的助燃而熄灭。这种灭火方法适用扑救一些封闭式的空间和生产设备装置的火灾。

在火场上运用窒息的方法扑灭火灾时，可采用石棉布、浸湿的棉被、湿帆布等不燃或难燃材料，覆盖燃烧物或封闭孔洞；用水蒸气、惰性气体（如二氧化碳、氮气等）充入燃烧区域内；利用建筑物上原有的门、窗以及生产设备上的部件，封闭燃烧区，阻止新鲜空气进入。此外在无法采取其他扑救方法而条件又允许的情况下，可采用水或泡沫淹没（灌注）的方法进行扑救。

采取窒息灭火法的方法扑救火灾，必须注意以下几个问题：

（1）燃烧的部位较小，容易堵塞封闭，在燃烧区域内没有氧化剂时，才能采用这种方法。

（2）采取用水淹没（灌注）方法灭火时，必须考虑到火场物质被水浸泡后能否产生不良后果。

（3）采取窒息方法灭火后，必须在确认火已熄灭时，方可打开孔洞进行检查。严防因过早地打开封闭的房间或生产装置的设备孔洞等，而使新鲜空气流入，造成复燃或爆炸。

（4）采取惰性气体灭火时，一定要将大量的惰性气体充入燃烧区，以迅速降低空气中氧的含量，窒息灭火。

4. 抑制灭火法

抑制灭火方法，是将化学灭火剂喷入燃烧区使之参与燃烧的化学反应，从而使燃烧反应停止。采用这种方法可使用的灭火剂有干粉和卤代烷灭火剂及替代产品。灭火时，一定要将足够数量的灭火剂准确地喷在燃烧区内，使灭火剂参与和阻断燃烧反应，否则将起不到抑制燃烧反应的作用，达不到灭火的目的。同时还要采取必要的冷却降温措施，以防止复燃。

采用哪种灭火方法实施灭火，应根据燃烧物质的性质、燃烧特点和火场的具体情况，以及消防技术装备的性能进行选择。有些火灾，往往需要同时使用几种灭火方法。这就要注意掌握灭火时机，搞好协同配合，充分发挥各种灭火剂的效能，迅速有效地扑灭火灾。

14.6.2 消防设施和器材

建筑施工现场常用的消防设施和器材主要为：消防水池、消防桶、消防锹以及灭火器等。

1. 消防水池

水是不燃液体，它是最常用、来源最丰富、使用最方便的灭火剂。水在扑灭火灾中应用得最广泛，水的灭火作用是由它的性质决定的。

消防水池与建筑物之间的距离，一般不得小于 10m，在水池的周围应留有消防车道。在冬期或者寒冷地区，消防水池应有可靠的防冻措施。

2. 几种灭火器的性能、用途和使用方法见表 14-1。

表 14-1　灭火器的性能、用途和使用方法

灭火器种类	二氧化碳灭火器	四氯化碳灭火器	干粉灭火器	1211 灭火器
规格	2kg 以下，2~3kg 5~7kg	2kg 以下，2~3kg 5~8kg	8kg，50kg	1kg，2kg，3kg
药剂	液态二氧化碳	四氯化碳液体，并有一定压力	钾盐或钠盐干粉并有盛装压缩气体的小钢瓶	二氟一氯一溴甲烷，并充填压缩氮气

续表

灭火器种类	二氧化碳灭火器	四氯化碳灭火器	干粉灭火器	1211 灭火器
用途	扑救电气精密仪器、油类和酸类火灾,不能扑救钾、钠、镁、铝物质火灾	扑救电气设备火灾,不能扑救钾、钠、镁、铝、乙炔、二硫化碳火灾	扑救电气设备火灾,石油产品、油漆、有机溶剂,天然气火灾,不宜扑救电机火灾	扑救电气设备、油类、化工纤原料初起火灾
效能	射程 3m	3kg, 喷射时间 30s, 射程 7m	8kg, 喷射时间 4~8s, 射程 4.5m	1kg, 喷射时间 6~8s, 射程 2~3m
使用方法	一手拿喇叭筒对着火源,另一手打开开关	只要打开开关,液体就可喷出	提起圈环,干粉就可喷出	按下铅封或横销,用力压下压把

3. 施工现场灭火器的配备

(1) 大型临时设施总平面超过 1200m² 的,应当按照消防要求配备灭火器,并根据防火的对象、部位。设立一定数量、容积的消防水池,配备不少于 4 套的取水桶、消防锹、消防钩。同时,要备有一定数量的黄沙池等器材、设施,并留有消防车道。

(2) 一般临时设施区域,每 100m² 的配电室、动火处、食堂、宿舍等重点防火部位,应当配备两个 10L 灭火器。

(3) 临时木工间、油漆间、机具间等,每 25m² 应配备一个种类合适的灭火器。油库、危险品仓库、易燃堆料场应配备足够数量、种类的灭火器。

14.6.3 火灾险情的处置

施工现场发生火灾时,建设单位和施工单位应当立即向公安消防机构报警,并迅速组织疏散人员,扑救火灾。应当根据公安消防机构的要求,为抢救人员、扑救火灾提供便利条件。火灾扑灭后,应当保护现场,接受事故调查,如实提供火灾的有关情况,并协助公安消防机构核定火灾损失、查明火灾原因和火灾事故责任。未经公安消防机构同意,不得擅自清理火灾现场。

14.6.4 灭火器的摆放

1. 灭火器应摆放在明显和便于取用的地点,且不得影响安全疏散;

2. 灭火器应摆放稳固,其铭牌必须朝外;

3. 手提式灭火器应使用挂钩悬挂,或摆放在托架上,灭火箱内,其顶部离地面高度应小于 1.5m,底部离地面高度宜大于 0.15m;

4. 灭火器不应摆放在潮湿或强腐蚀性的地点,必须摆放时,应采取相应的保护措施;

5. 摆放在室外的灭火器应采取相应的保护措施;

6. 灭火器不得摆放在超出其使用温度范围以外的地点,灭火器的使用温度范围应符合规范规定。

15　现场急救安全知识

15.1　现场急救步骤

现场急救，就是应用急救知识和最简单的急救技术进行现场初级救生，最大限度地稳定伤病员的伤、病情，减少并发症，维持伤病员最基本的生命体征，现场急救是否及时和正确，关系到伤病员生命和伤害的结果。现场急救一般遵循下述4个步骤：

1. 当出现事故后，迅速使伤者脱离危险区，若是触电事故，必须先切断电源；若为机械设备事故，必须先停止机械设备运转。

2. 初步检查伤员，判断其神志、呼吸是否有问题，视情况采取有效的止血、防止休克、包扎伤口、固定、保存好断离的器官或组织、预防感染、止痛等措施。

3. 施救同时拨打急救电话120，呼叫救护车求救，并继续施救直到专业救护人员到达现场接替为止。拨打求救电话时必须讲清楚事故发生的地点、工地名称、伤害性质、中毒物质、受伤害人员数，报警电话号码和报警人姓名，同时派人在交通路口等候救护车到来后引路。

4. 迅速上报上级有关领导和部门，以便采取更有效的救护措施。

15.2　触电

15.2.1　触电事故判断

1. 假如触电者伤势不重，神志清醒，未失去知觉，但有些内心惊慌，四肢发麻，全身无力，或触电者在触电过程中曾一度昏迷，但已清醒过来，则应保持空气流通和注意保暖，使触电者安静休息，不要走动，严密观察，并请医生前来诊治或者送往医院。

2. 假如触电者伤势较重，已失去知觉，但心脏跳动和呼吸还存在。对于此种情况，应使触电者舒适、安静地平卧；周围不围人，使空气流通；解开他的衣服以利呼吸，如天气寒冷，要注意保温，并迅速请医生诊治或送往医院。如果发现触电者呼吸困难，严重缺氧，面色发白或发生痉挛，应立即请医生作进一步抢救。

3. 假如触电者伤势严重，呼吸停止或心脏跳动停止，或二者都已停止，仍不可以认为已经死亡，应立即施行人工呼吸或胸外心脏按压，并迅速请医生诊治或送医院。

4. 如果触电人受外伤，可先用无菌生理盐水和温开水洗伤，再用干净绷带或布类包扎，然后送医院处理。如伤口出血，则应首先设法止血。通常方法是：将出血肢体高高举起，或用干净纱布扎紧止血等，同时请医生处理。

15.2.2　直接伤害的急救

人体触电后，会出现昏迷不醒、呼吸中断、心跳停止等症状，这种现象通常是假死现象，切不可当做死亡草率处理。为了争取最佳抢救时间，应尽快进行现场抢救。

1. 第一步：切断电源

触电事故发生时，触电者的身体已经带电，这时候千万不可直接把触电者拖离电源，以免造成抢救者本人触电。正确的做法是：马上拉闸断电，如果出事地点离电源开关太远，抢救者可以用绝缘良好的木棍、竹竿等拨开电线或把触电者拉开（做这项工作时抢救者应穿绝缘良好的鞋或站在干燥的木板上，保证自己不导电）。如果触电者因痉挛而握紧电线，抢救者可用木柄斧、带有绝缘手柄钢丝钳切断电线。

2. 第二步：按照触电者受伤程度对症救治

（1）如果触电者还没有昏迷，可以让他静卧进行观察，并迅速请医生来救治。

（2）如果触电者已经处于昏迷状态，但还有呼吸，可让其舒适安静地平卧，劝散围观者，保持空气流通，并解开他的上衣以利呼吸，迅速请医生前来救治。

（3）如果触电者呼吸困难，次数渐少，并不时出现抽筋现象，一旦心跳、呼吸停止后应立刻采用人工氧合方法进行救治。人工氧合工作必须连续进行而不可草率中止，即便是在送往医院的路上，因为经过连续 6 小时人工氧合而将触电者救活的实例确实存在。只有患者身体冰凉并出现尸斑，或瞳孔放大而且光感消失时（用手电照射患者眼睛时瞳孔不再收缩），才可以确认触电者死亡。

（4）人工呼吸法：人工呼吸法是触电急救最有效的方法之一，其中口对口人工呼吸效果最为明显，具体操作方法如下：

a. 迅速使触电者仰卧，解开触电者衣扣、紧身衣、裤带等衣物，以保证触电者的胸部和腹部自由扩张。然后掰开他的嘴，清除口腔中的呕吐物，带有假牙的触电者应将假牙摘下来，如果触电者的舌头往后收缩，应该将其拉出来，保证其呼吸道畅通；如果触电者牙关紧闭，可以用小木片或金属片从嘴角伸入牙缝慢慢撬开。

b. 抢救者在触电者头部旁边，一手捏紧触电者的鼻子（不要漏气），另一手扶住触电人的下颌，使其张开嘴（为了防止触电者腹中的污浊气体或呕吐物进入抢救者嘴里，应在其嘴上盖一块纱布或其他透气薄布）。

c. 抢救者深呼吸后，紧贴触电者的嘴吹气（不要漏气）并观察触电者胸部的起伏情况，以胸部略有起伏为宜，吹气太多容易吹裂肺泡（可根据情况调节吹气量的大小）。

d. 抢救者准备换气时，应立即离开触电者的嘴让其自然呼气，并观察胸部复原情况以判断患者有无呼吸道梗阻现象。

以上步骤反复进行，成人的吹气次数为 14～16 次/min（大约 5s 吹一次，吹气时间约为 2s，呼气时间约为 3s），儿童的吹气次数为 18～24 次/min，可让其鼻孔自然漏气，不必捏紧。切记不要让儿童的胸部过分膨胀，以防吹破肺泡。如果触电者的嘴不能掰开，亦可捏紧其嘴唇通过鼻孔吹气。

（5）胸外挤压法（心外按摩）：

a. 让触电者仰卧并保持呼吸道畅通（具体要求可参照人工呼吸法），背部着地的地方应平整、稳固。以保证挤压效果。抢救者两手交叉叠在一起，把下面的掌根放在触电者两乳头间略下一点，胸骨下三分之一处（略高于胸口）。

b. 肘关节伸直，适当用力带有冲击性地挤压患者胸骨（对准脊椎骨从上往下用力），这时候可以触摸到被抢救者的脉搏跳动，否则说明挤压部位不正确或是力度不够，应根据具体情况进行调节。切记：使用心外按摩方法时不可用力过猛或过大，以防把胃中的食物挤压出来造成呼吸道阻塞或折断肋骨！但也不可用力过小，用力过小将达不到挤压效果。具体操作方法是成人可压下去 3～4cm，儿童用力要小些，压下去的深度也要相应浅一些，可单手操作。

c. 挤压后掌根应迅速放松（但不要离开胸部），使触电者的胸骨自动复位。

d. 挤压次数：成人为 60 次/min，儿童为 90～100 次/min。

（6）人工氧合：人工呼吸法和胸外按摩法同时进行称为人工氧合法，具体操作方法为：人工氧合法应由两个人轮流进行，一般胸外按摩为 60 次/min，人工呼吸为 14～16 次/min，操作比例为 4：1，如果抢救者只有一个人，可以先做 4 次胸外按摩，再做 1 次人工呼吸。

触电抢救工作往往需要很长时间，有时甚至要 1～2 个小时，必须连续进行，不可中断。抢救见效以后，触电者会出现面色好转、嘴唇红润、瞳孔缩小等反应，心跳和呼吸也会慢慢恢复正常。对于触电者因跌倒或高空坠落所造成的外伤应迅速请医生救治。

以上两种抢救方法运用范围很广，除电击伤外，对急性烧伤、心跳骤停等，所引起的抑制或呼吸停止的伤员都可采用。以上抢救，只有当伤员出现自动呼吸时，方可停止，但需密切观察，以防出现再次停止呼吸。

15.2.3　间接伤害的急救

间接伤害不是电能作用的结果，而是由于触电导致人员跌倒或坠落等二次事故所造成的伤害。

对因跌倒或高空坠落造成二次受伤的触电者，抢救者应先检查其伤势再进行救治，如遇到下列情形之一，则不可采用胸外按摩方法：

1. 内出血：对内出血患者进行胸外按摩会加大其出血量，进而形成生命危险。内出血的主要表现为血压持续下降。

2. 脊椎骨骨折：脊椎骨骨折容易压迫或损伤脊髓神经，发现这种情况切不可施行胸外按摩术，搬运患者时应让其仰卧在平整木板上，不可随意背、抬或者让其翻身、转身，以免导致截瘫而铸成终生遗憾。

3. 其他严重骨折。

出现以上各种情况，不影响人工呼吸的操作。

15.3　坠落

15.3.1　高处坠落摔伤

高处坠落摔伤是指从高处坠落而导致受伤。急救要点：

1. 坠落在地的伤员，应初步检查伤情，不乱搬动摇晃，立即呼叫 120 急救医生前来救治。

2. 采取初步救护措施：止血、包扎、固定。

3. 怀疑脊椎骨折，按脊椎骨折的搬运原则。切忌一人抱头一人扶腿搬运；伤员上下担架应由 3～4 人分别抱住头、胸、臀、腿，保持动作一致平稳，避免脊椎弯曲扭动，加重伤情。

15.3.2　水中淹溺

淹溺是指人淹没在水中，由于呼吸道被外物堵塞或喉头、气管发生反射性痉挛而造成的窒息和缺氧，以及水进入肺后造成呼吸、循环系统及电解质平衡紊乱，发生呼吸、心跳停止而死亡。淹溺的现场急救要点：

1. 迅速清除呼吸道异物

溺水者从水中救起后，呼吸道常被呕吐物、泥沙、藻类等异物阻塞，应以最快的速度使其呼吸道通畅，并立即将患者平躺，头向后仰，抬起下巴，撬开口腔，将舌头拉出，清除口鼻内异物，如有活动假牙也应取出，以免坠入气管；有紧裹的内衣、乳罩、腰带等应解除。

在清除口内异物时常会遇到如何打开口腔的问题。牙关紧闭者，可按捏其两侧颊肌，再用力启开。如有开口器则可用开口器启开。在迅速清除口鼻异物后，如有心跳者，习惯上多进行控水处理。

2. 排除胃内积水处理

这是指用头低脚高的体位将肺内及胃内积水排出。最常用的简单方法是：迅速抱起患者的腰部，使其背向上、头下垂，尽快倒出肺、气管和胃内积水；也可将其腹部置于抢救者屈膝的大腿上，使头部下垂，然后用手平压其背部，使气管内及口咽的积水倒出；也可利用小木凳、大石头、倒置的铁锅等物做垫高物。在此期间抢救动作一定要敏捷，切勿因控水过久而影响其他抢救措施。以能倒出口、咽及气管内的积水为度，如排出的水不多，应立即采取人工呼吸、胸外心脏按压等急救措施。

3. 人工呼吸、胸外心脏按压

首先要判断有无呼吸和心跳，应以你的侧面对着患者的口鼻，仔细倾听，并观察其胸部的活动，同时可触摸颈动脉，看有无搏动。若呼吸已停，应立即进行持续人工呼吸，方法以俯卧压背法较适宜，有利于肺内积水排出，口对口或口对鼻正压吹气法最为有效。若救护者能在托出溺水者头部出水时，在水中即行口对口人工呼吸，对患者心、脑、肺复苏均有重要意义。如溺水者尚有心跳，且较有节律，也可单纯做人工呼吸。如心跳也停止，应在人工呼吸的同时做胸外心脏按压。胸外心脏按压与人工呼吸的比例为 15：2。胸外心脏按压的正确位置应在胸骨的上 2/3 与下 1/3 的交界处，抢救者以手掌的掌跟部置于上述按压部位，另一掌交叉重叠于此掌背上，其手指不应加压于患者的胸部，按压时两臂伸直，用肩背部力量垂直向下，使胸骨下压 3～4cm 左右然后放松，但掌跟不要离开胸壁，按压次数为 60～80 次/min，连续按压 15 次再做人工呼吸 2 次。如胸外心脏按压无效时，应考虑电除颤。人工呼吸吹气时气量要大，足以克服肺内阻力才有效。经短期抢救心跳、呼吸不恢复者，不可轻易放弃。人工呼吸必须直至自然呼吸完全恢复后才可停止，至少坚持 3～4 小时。转院途中也应继续进行抢救。面罩加压通气常会引起胃内积水等被误送入呼吸道内，不宜采用。到医院后应采用气管插管加压人工呼吸，并提高吸氧浓度达 70% 以上。

4. 复温

复温对纠正体温过低造成的严重影响是急需的，使患者体温逐渐恢复到 30～32℃，但复温速度不能过快。具体方法有热水浴法、温热林格氏液灌肠、体外循环复温法等。恢复体温救治工作应由医务专业人员实施。

5. 紧急用药

心跳已停者应紧急送往医院，有医务人员采取用药物急救。一般可重复静脉推注肾上腺素 0.5～1mg，如发现室颤又无除颤器时可静脉推注利多卡因 50～100mg，还可同时用尼可刹米 375mg、洛贝林 3～6mg，以帮助呼吸恢复。

15.4 中毒

15.4.1 一般中毒急救措施

1. 施工现场一旦发生中毒事故，应设法尽快使中毒人员脱离中毒现场、中毒物源，排除吸收的和未吸收的毒物。

2. 救护人员在将中毒人员脱离中毒现场的急救时，应注意自身的保护，在有毒有害气体发生场所，应视情况，采用加强通风或用湿毛巾等捂住口、鼻，腰系安全绳，并有场外人员控制、监护、应急，在有毒气场所施救时，救护人员应使用防毒面具。

3. 在施工现场因接触油漆、涂料、沥青、外掺剂、添加剂、化学制品等有毒物品中毒时，应脱去污染的衣物并用大量的微温水清洗污染的皮肤、头发以及指甲等，对不溶于水的毒物用适宜的溶剂进行清洗。将吸入毒物的中毒人员尽可能送往有高压氧舱的医院救治。

4. 在施工现场食物中毒，对一般神志清楚者应设法催吐：喝微温水 300～500mL，用压舌板等刺激咽后壁或舌根部以催吐，如此反复，直到吐出物为清亮物体为止。对催吐无效或神志不清者，则送往医院救治。

5. 在施工现场如已发现心跳、呼吸不规则或停止呼吸、心跳的时间不长，则应把中毒人员移到空气新鲜处，立即施行口对口（口对鼻）呼吸法和胸外心脏挤压法进行抢救。

15.4.2 食物中毒急救措施

1. 立即停止食用可疑中毒食物。

2. 强酸、强碱物质引起的食物中毒，应先饮蛋清、牛奶、豆浆或植物油 200mL 保护胃黏膜。

3. 封存可疑食物，留取呕吐物、尿液、粪便标本，以备化验。

4. 采取催吐的方法，尽快排出毒物。一次饮 600mL 清水或 1∶2000 的高锰酸钾溶液，然后用筷子等物刺激咽喉壁，造成呕吐，将胃内食物吐出来，反复进行多次，直到吐出清水为止，已经发生呕吐的病人不要再催吐。

5. 尽快将病人送医院进一步救治。

15.4.3 中毒、窒息应急措施

1. 对已建排水管道井下作业，必须提前揭开工作井及其相邻的上下游井盖，进行自然通风或强制通风，并用叉子搅动井内沉积物，排除有毒、易燃气体。下井前应用仪器对井内的气体进行检查，经气体检查符合下井要求时，方可下井。井上应设专人对井下作业人员安全实施监护。

2. 在下水道、燃气管线以及有可能发生有毒有害气体的场所施工时，都要检测气体

的种类和浓度，采取通风措施，待浓度达到规定的标准之下后方能作业。在作业过程中，还要随时进行气体检测和保持通风良好，当发现有害气体的浓度超标时，要立即撤离作业人员。

3. 下井作业人员必须身系安全带，地面上要有人员配合呼应，若呼叫井下人员无应答、拉动安全带无响应，则应及时把井下人员拉上地面。若人员已发生中毒、窒息时，立即进行现场人工呼吸救护，同时向项目部安全员、项目经理紧急汇报或报 120 等请求紧急救援，不可冒险下井对中毒、窒息人员进行救护。

4. 食堂要认真做好卫生保洁工作，炊事人员要有健康证。食物生熟要分开保管，有些食物要煮熟炒透，如豆类、黄花菜等，避免发生食物中毒事故。

5. 若发生食物中毒事故，需及时送医院进行抢救，通知项目经理和公司领导，封存剩余食物及保护呕吐现场，送有关检测部门检验，便于事故调查。

6. 冬季施工，要注意预防因取暖造成的环境一氧化碳浓度过高及缺氧引起的中毒事故。

15.5　其他

15.5.1　中暑

夏季，在建筑工地上劳动或工作最容易发生中暑，轻者全身疲乏无力、头晕、头疼、烦闷、口渴、恶心、心慌；重者可能突然晕倒或昏迷不醒。遇到这种情况应马上进行急救，让病人平躺，并放在阴凉通风处，松解衣扣和腰带，慢慢地给患者喝一些凉开（茶）水、淡盐水或西瓜汁等，也可给病人服用十滴水、仁丹、藿香正气片（水）等消暑药。病重者，要及时送往医院治疗。

15.5.2　烧伤

1. 防止烧伤：身体已经着火可就地打滚或用厚湿的衣物压灭火苗，或者尽快脱去燃烧衣物，如果衣物与皮肤粘连一起，应用冷水浇湿或浸湿后，轻轻脱去或剪去。

2. 冷却烧伤部位，用冷水冲洗、冷敷或浸泡肢体，降低皮肤温度。

3. 用干净纱布或被单覆盖和包裹烧伤创面，切忌在烧伤处涂各种药水和药膏，如紫药水、红药水等，以免掩盖病情。

4. 为防止烧伤休克，烧伤伤员可口服自制烧伤饮料糖盐水，即在 500mL 开水中放入白糖 500g 左右、食盐 1.5g 左右制成。切忌给烧伤伤员喝白开水。

5. 搬运烧伤伤员，动作要轻柔、平稳，尽量不要拖拉、滚动，以免加重皮肤损伤。

15.5.3　冻伤

冻伤是人体遭受低温侵袭后发生的损伤。冻伤的发生除了与寒冷有关，还与潮湿、局部血液循环不良和抗寒能力下降有关。一般将冻伤分为冻疮、局部冻伤和冻僵三种。

1. 冻疮：冻疮在一般的低温，如零上 3～5℃，和潮湿的环境中。因此，不仅我国的北方地区，而且在华东、华中地区也较常见。冻疮常在不知不觉中发生，部位多在耳廓、手、足等处。表现为局部发红、发紫、肿胀、发痒或刺痛，有些可起水泡，而后发生糜烂或结痂。发生冻疮后，可在局部涂抹冻疮膏；糜烂处可涂用抗菌类和可地松类软膏。

2. 局部冻伤：局部冻伤多在 0℃ 以下缺乏防寒措施的情况下，耳部、鼻部、面部或肢体受到冷冻作用发生的损伤。一般分为四度：

一度冻伤：表现为局部皮肤从苍白转为斑块状的蓝紫色，以后红肿、发痒、刺痛和感觉异常。

二度冻伤：表现为局部皮肤红肿、发痒、灼痛，早期有水泡出现。

三度冻伤：表现为皮肤由白色逐渐变为蓝色，再变为黑色。冻伤周围的组织可出现水肿和水泡，并有较剧烈的疼痛。

四度冻伤：伤部的感觉和运动功能完全消失，呈暗灰色。由于冻伤组织与健康组织交界处的冻伤程度相对较轻，交界处可出现水肿和水泡。

发生冻伤时，如有条件可让患者进入温暖的房间，给予温暖的饮料，使伤员的体温尽快提高。同时将冻伤的部位浸泡在 38～42℃ 的温水中，水温不宜超过 45℃，浸泡时间不能超过 20min。如果冻伤发生在野外无条件进行热水浸浴，可将冻伤部位放在自己或救助者的怀中取暖，同样可起到热水浴的作用，使受冻部位迅速恢复血液循环。在对冻伤进行紧急处理时，绝不可将冻伤部位用雪涂擦或用火烤，这样做只能加重损伤。

3. 冻僵：冻僵是指人体遭受严寒侵袭，全身降温所造成的损伤。伤员表现为全身僵硬，感觉迟钝，四肢乏力，头晕，甚至神志不清，知觉丧失，最后因呼吸循环衰竭而死亡。

发生冻僵的伤员已无力自救，救助者应立即将其转运至温暖的房间内，搬运时动作要轻柔，避免僵直身体的损伤。然后迅速脱去伤员潮湿的衣服和鞋袜，将伤员放在 38～42℃ 的温水中浸浴；如果衣物已冻结在伤员的肢体上，不可强行脱下，以免损伤皮肤，可连同衣物一起侵入温水，待解冻后取下。

15.5.4 窒息

窒息按发生的原因可分为两类，一类是阻塞性窒息，另一类是吸入性窒息。伤员如发生呼吸困难或窒息，应迅速判明原因，采取相应措施，积极进行抢救。

窒息救治的关键是早期发现与及时处理。如发现伤员有烦躁不安、面色苍白、鼻翼翕动、口唇发绀、血压下降、瞳孔散大等呼吸困难或窒息症状时，则应争分夺秒进行抢救。

1. 对阻塞性窒息的伤员，应根据具体情况，采取下列措施：

（1）因血块及分泌物等阻塞咽喉部的伤员，应迅速用手掏出或用塑料管吸出阻塞物，同时改变体位，采取侧卧或俯卧位，继续清除分泌物，以解除窒息。

（2）因舌后坠而引起窒息的伤员，应在舌尖后约 2cm 处用粗线或别针穿过全层舌组织，将舌牵拉出口外，并将牵拉线固定于绷带或衣服上。可将头偏向一侧或采取俯卧位，便于分泌物外流。

（3）上颌骨骨折段下垂移位的伤员，在迅速清除口内分泌物或异物后，可就地取材采用筷子、小木棒、压舌板等，横放在两侧前磨牙部位，将上颌骨向上提，并将两端固定于头部绷带上。通过这样简单的固定，即可解除窒息，并可达到部分止血的目的。

（4）咽部肿胀压迫呼吸道的伤员，可以由口腔或鼻腔插入任何形式的通气导管，以解除窒息。如情况紧急，又无适当通气导管，可用 15 号以上粗针头由环甲筋膜刺入气管内。如仍通气不足，可同时插入 2～3 根，随后作气管造口术。如遇窒息濒死，可紧急切开环甲筋膜进行抢救，待伤情缓解后，再改作常规气管造口术。

2. 对吸入性窒息的伤员，应立即进行气管造口术，通过气管导管，迅速吸出血性分泌物及其他异物，恢复呼吸道通畅。这类伤员在解除窒息后，应严密注意防治肺部并发症。

15.5.5 骨折

骨头受到外力打击，发生完全或不完全断裂时，称骨折。

骨折固定的目的是：止痛、止动、减轻伤员痛苦、防止伤情加重、防止休克、保护伤口、防止感染、便于运送。

1. 骨折的判断

疼痛和压痛、肿胀、畸形、功能障碍。

按骨折端是否与外界相通分为：闭合性骨折，骨折端没刺出皮肤和开放性骨折，骨折端刺出皮肤。

2. 骨折固定的材料

常用的有木制、铁制、塑料制夹板。临时夹板有木板、木棒、树枝、竹竿等。如无临时夹板，可固定于伤员躯干或健肢上。

3. 骨折固定的方法要领

先止血，后包扎，再固定；夹板长短与肢体长短相称；骨折突出部位要加垫；先扎骨折上下两端，后固定两关节；四肢露指（趾）；胸前挂标志；迅速送医院。

4. 常见 5 种骨折固定的方法

（1）前臂骨折固定法。先将夹板放置骨折前臂外侧，骨折突出部分要加垫，然后固定腕、肘两关节（腕部 8 字形固定），用三角巾将前臂悬挂于胸前，再用三角巾将伤肢固定于胸廓。前臂骨折无夹板三角巾固定：先用三角巾将伤肢悬挂于胸前，后三角巾将伤肢固定于胸廓。

（2）上臂骨折固定法。先将夹板放置于骨折上臂外侧，骨折突出部分要加垫，然后固定肘、肩两关节，用三角巾将上臂悬挂于胸前，再用三角巾将伤肢固定于胸廓。上臂骨折无夹板三角巾固定：先用三角巾将伤肢固定于胸廓，后用三角巾将伤肢悬挂于胸前。

（3）锁骨骨折固定法。丁字夹板固定法——丁字夹板放置背后肿骨上，骨折处垫上棉垫，然后用三角巾绕肩两周结在板上，夹板端用三角巾固定好。三角巾固定法：挺胸，双肩向后，两侧腋下放置棉垫，用两块三角巾分别绕肩两周打结，然后将三角巾结在一起，前臂屈曲用三角巾固定于胸前。

（4）小腿骨折固定法。先将夹板放置骨折小腿外侧，骨折的突出部分要加垫，然后固定伤口上下两端，固定膝、踝两关节（8 字固定踝关节），夹板顶端再固定。

（5）大腿骨折固定法。先将夹板放置骨折大腿外侧，骨折突出部分要加垫，然后固定伤口上、下两端，固定踝、膝关节，最后固定腰、骶、腋部。

5. 骨折的搬运

当发现有骨折伤员时，切记不可乱搬动，防止不合理的扶、拉、搬动而导致伤情加重或伤害神经。要设法保护受伤部位，需要搬运时，应用木板等硬物器抬运，让伤员平置，并保持平稳，减轻颠簸。

15.5.6 严重创伤出血（机械性伤害）

1. 止血

（1）当肢体受伤出血时，先抬高伤肢，然后用消毒纱布或棉垫覆盖在伤口表面，在现场可用清洁的手帕、毛巾或其他棉织品代替，再用绷带或布条加压包扎止血。

（2）当肢体动脉创伤出血时，一般的止血包扎达不到理想的止血效果。这时，就先抬高肢体，使静脉血充分回流，然后在创伤部位的近心端放上弹性止血带，在止血带与皮肤间垫上消毒纱布棉垫，以免扎紧止血带时损伤局部皮肤。止血带必须扎紧，要加压扎紧到切实将该处动脉压闭。同时记录上止血带的具体时间，争取在上止血带后 2h 以内尽快将伤员转送到医院救治。要注意过长时间地使用止血带，肢体会因严重缺血而坏死。

2. 包扎、固定

（1）创伤处用消毒的敷料或清洁的医用纱布覆盖，再用绷带或布条包扎，既可以保护创伤预防感染，又可减少出血帮助止血。

（2）在肢体骨折时，可借助绷带包扎夹板来固定受伤部位上、下 2 个关节，减少损伤，减少疼痛，预防休克。

（3）在房屋、支架倒塌、塌陷中，一般受伤人员均表现为肢体受压。在解除肢体压迫后，应马上用弹性绷带缠绕伤肢，以免发生组织肿胀。这种情况下的伤肢就不应该抬高，不应该局部按摩，不应该施行热敷，不应该继续活动。

3. 搬运

（1）经现场止血、包扎、固定后的伤员，应尽快正确地搬运转送医院抢救。不正确的搬运，可导致继发性的创伤，加重病痛，甚至威胁生命。

（2）肢体受伤有骨折时，宜在止血包扎固定后再搬运，防止骨折断端因搬运振动而移位，加重疼痛，再继发损伤附近的血管神经，使创伤加重。

（3）处于休克状态的伤员要让其安静、保暖、平卧、少动，并将下肢抬高 20°左右，及时止血、包扎、固定伤肢，以减少创伤疼痛，尽快送医院进行抢救治疗。

（4）在搬运严重创伤伴有大出血或已休克的伤员时，要平卧运送伤员，头部可放置冰袋或戴冰帽，路途中要尽量避免振荡。

（5）在搬运高处坠落伤员时，若疑有脊椎受伤可能的，一定要使伤员平卧在硬板上搬运，切忌只抬伤员的两肩与两腿或单肩背运伤员。因为这样会使伤员的躯干过分屈曲或过分伸展，致使已受伤的脊椎移位，甚至断裂造成截瘫或导致死亡。

16 施工现场文明施工和环境卫生

16.1 文明施工管理

16.1.1 文明施工的基本要求

1. 施工现场必须设置明显的标牌，标明工程项目名称、建设单位、设计单位、施工单位、项目经理和施工现场总代表人的姓名、开、竣工日期、施工许可证批准文号和接受社会监督的公开电话（投诉电话）等。施工单位负责施工现场标牌的保护工作。

2. 施工现场的管理人员在施工现场应当佩戴证明其身份的胸卡。

3. 应当按照施工总平面布置图设置各项临时设施。现场堆放的大宗材料、成品、半成品和机具设备不得侵占场内道路及安全防护等设施。

4. 施工现场的用电线路、用电设施的安装和使用必须符合施工现场临时用电安装规范和安全操作规程，并按照施工组织设计进行架设，严禁任意拉线接电。施工现场必须设有保证施工安全要求的夜间照明；危险潮湿场所的照明以及手持照明灯具，必须采用符合安全要求的电压。

5. 施工机械应当按照施工总平面布置图规定的位置和线路设置，不得任意侵占场内道路。施工机械进场须经过安全检查，经检查合格的方能使用。施工机械操作人员必须建立机组责任制，并依照有关规定持证上岗，禁止无证人员操作。

6. 应保证施工现场道路畅通，排水系统处于良好的使用状态；保持场容场貌的整洁，随时清理工程和生活垃圾。在车辆、行人通行的地方施工，应当设置施工警示标志，并对沟井坎穴进行安全覆盖。

7. 施工现场的各种安全设施和劳动保护器具，必须定期进行检查和维护，及时消除隐患，保证其安全有效。

8. 施工现场应当设置各类必要的职工生活设备，并符合卫生、整洁、通风、照明等要求。职工的膳食、饮水供应等应当符合卫生要求。

9. 应当做好施工现场安全保卫工作，采取必要的防盗措施，在工程项目部基地和施工现场周边设立围护设施。

10. 应当严格依照《中华人民共和国消防条例》的规定，在施工现场建立和执行防火管理制度，设置符合消防要求的消防设施，并保持完好的备用状态。在容易发生火灾的地区施工，或者储存、使用易燃易爆器材时，应当采取特殊的消防安全措施。

11. 施工现场发生工程建设重大事故的处理，依照《生产安全事故报告和调查处理条例》执行。

16.1.2 文明施工基本条件

文明施工是指保持施工场地整洁、卫生，施工组织科学，施工程序合理的一种施工活动。实现文明施工，不仅要着重做好现场的场容管理工作，而且还要相应做好现场材料、机械、安全、技术、保卫、消防和生活卫生等方面的管理工作。一个工地的文明施工水平是该工地乃至所在企业各项管理工作水平的综合体现。

1．文明施工基本条件

（1）有整套的施工组织设计（或施工方案）。

（2）有健全的施工指挥系统和岗位责任制度。

（3）工序衔接交叉合理，交接责任明确。

（4）有严格的成品保护措施和制度。

（5）大小临时设施和各种材料、构件、半成品按平面布置堆放整齐。

（6）施工场地平整，道路畅通，排水设施得当，水电线路整齐。

（7）机具设备状况良好，使用合理，施工作业符合消防和安全要求。

2．文明施工基本要求

（1）工地主要入口要设置简朴规整的大门，门旁必须设立明显的标牌，标明工程名称、施工单位和工程负责人姓名等内容。

（2）施工现场建立文明施工责任制，划分区域，明确管理负责人，实行挂牌制，做到现场清洁整齐。

（3）施工现场场地平整，道路坚实畅通，有排水措施，基础、地下管道施工完后要及时回填平整，清除积土。

（4）现场施工临时水电要有专人管理，不得有长流水、长明灯。在施工工地要设置临时卫生厕所，严禁在工地上大小便。

（5）施工现场的临时设施，包括生产、办公、生活用房、仓库、料场、临时上下水管道以及照明、动力线路，要严格按施工组织设计确定的施工平面图布置、搭设或埋设整齐。

（6）工人操作地点和周围必须清洁整齐，做到活完脚下清，工完场地清；遗撒在道路、硬地面上的砂浆混凝土、沥青拌和料要及时清除。

（7）砂浆、混凝土在搅拌、运输、使用过程中，要做到不撒、不漏、不剩，使用地点盛放砂浆、混凝土必须有容器或垫板，如有撒、漏要及时清理。

（8）要有严格的成品保护措施，严禁损坏污染成品、堵塞管道。

（9）施工现场不准乱堆垃圾及余物。应在适当地点设置临时堆放点，并定期外运。清运渣土垃圾及流体物品，要采取遮盖防漏措施，运送途中不得遗撒。

（10）根据工程性质和所在地区的不同情况，采取必要的围护和遮挡措施，并保持外观整洁。

（11）施工作业人员必须按不同工种要求，正确使用劳动防护用品。

（12）针对施工现场情况设置宣传标语和黑板报，并适时更换内容，切实起到表扬先进、促进后进的作用。

（13）施工现场严禁居住家属，严禁居民、家属、小孩在施工现场穿行、玩耍。

（14）现场使用的机械设备，要按平面布置规划固定点存放，遵守机械安全规程，经常保持机身及周围环境的清洁，机械的标记、编号明显，安全装置可靠。

（15）清洗车辆机械排出的污水要有沉淀排放措施，不得随地流淌。

（16）在用的搅拌机、砂浆机旁必须设有沉淀池，不得将浆水直接排入下水道及河流等处。

（17）施工现场应采取不扰民措施，针对施工特点设置防尘和防噪声设施，夜间施工必须有当地主管部门的批准。

16.2　施工现场的环境保护

16.2.1　大气污染的防治措施

1. 施工现场垃圾渣土要及时清理出现场。

2. 高大建（构）筑物清理施工垃圾时，要使用封闭式的容器或者采取其他措施处理高空废弃物，严禁凌空随意抛撒。

3. 施工现场道路应指定专人定期洒水清扫，形成制度，防止道路扬尘。

4. 对于细颗粒散体材料（如水泥、粉煤灰、黄沙等）的运输、储存要注意遮盖、密封，防止和减少飞扬。

5. 车辆开出工地要做到不带泥沙，基本做到不撒土、不扬尘，减少对周围环境污染。

6. 除有符合规定的除尘减排装置外，禁止在施工现场焚烧油毡、橡胶、塑料、皮革、树叶、枯草、各种包装物等废弃物品以及其他会产生有毒、有害烟尘和恶臭气体的物质。

7. 机动车都要安装减少尾气排放的装置，确保符合国家车辆尾气排放标准。

8. 工地茶炉应尽量采用电热水器。若只能使用烧煤茶炉和锅炉时，应选用消烟除尘型茶炉和锅炉，大灶应选用消烟节能回风炉灶，使烟尘降至允许排放范围为止。

9. 拆除旧建筑物时，应适当洒水，防止扬尘。

16.2.2　施工过程水污染的防治措施

1. 禁止将有毒有害废弃物作土方回填。

2. 施工现场搅拌站废水和各种车辆、机械冲洗污水必须经沉淀池沉淀合格后再排放，最好将沉淀水用于工地洒水降尘和采取措施回收利用。

3. 现场存放油料，必须对库房地面进行防渗处理。如采用防渗混凝土地面、铺油毡等措施。使用时，要采取防止油料跑、冒、滴、漏的措施，以免污染水体。

4. 施工现场100人以上的临时食堂，污水排放时可设置简易有效的隔油池，定期清理，防止污染。

5. 工地临时厕所、化粪池应采取防渗措施。中心城市施工现场的临时厕所可采用水冲式厕所，并有防蝇、灭蛆措施，防止污染水体和环境。

6. 化学用品、外加剂等要妥善保管，库内存放，防止污染环境。

16.2.3　施工现场噪声的防治措施

噪声控制技术可从声源、传播途径、接收者防护等方面来考虑。

1. 声源控制

从声源上降低噪声，这是防止噪声污染的最根本的措施。

（1）尽量采用低噪声设备和工艺，代替高噪声设备与工艺，如低噪声振捣器、风机、电动空压机、电锯等。

（2）在声源处安装消声器消声，即在通风机、鼓风机、压缩机、燃气机、内燃机及各类排气放空装置等进出风管的适当位置设置消声器。

2. 传播途径的控制

在传播途径上控制噪声的方法主要有以下几种。

（1）吸声：利用吸声材料（大多由多孔材料制成）或由吸声结构形成的共振结构（金属或木质薄板钻孔制成的空腔体）吸收声能，降低噪声。

（2）隔声：应用隔声结构，阻碍噪声向空间传播，将接收者与噪声声源分隔。隔声结构包括隔声室、隔声罩、隔声屏障、隔声墙等。

（3）消声：利用消声器阻止传播。允许气流通过的消声降噪是防治空气动力性噪声（如空气压缩机、内燃机产生的噪声等）的主要装置。

（4）减振降噪：对振动引起的噪声，通过降低机械振动减小噪声，如将阻尼材料涂在振动源上，或改变振动源与其他刚性结构的连接方式等。

3. 接收者的防护

让处于噪声环境下的人员使用耳塞、耳罩等防护用品，减少相关人员在噪声环境中的暴露时间，以减轻噪声对人体的危害。

4. 严格控制人为噪声

进入施工现场不得高声喊叫、无故甩打模板、乱吹哨，限制高音喇叭的使用，最大限度地减少噪声扰民。

5. 控制强噪声作业的时间

凡在人口稠密区进行强噪声作业时，须严格控制作业时间，一般晚9点到次日早6点时间内应停止强噪声作业。确系特殊情况必须昼夜施工时，应获得当地环保部门书面批准，尽量采取降低噪声措施。同时，主动会同建设单位与当地居委会（社区）、村委会或当地居民协调，出安民告示，求得群众谅解和配合。

6. 施工现场噪声的限值

根据国家标准 GB 12523—2011《建筑施工场界环境噪声排放标准》的要求，在工程施工中，要特别注意不得超过国家标准的限值，尤其是夜间禁止施工作业。

16.3 施工现场的环境卫生

16.3.1 施工区与生活办公区卫生管理措施

1. 施工区环境卫生管理措施

（1）施工现场要天天打扫，保持整洁卫生，场地平整，各类物品堆放整齐；主要道路必须进行硬化处理。道路平坦畅通，无堆放物、无散落物，做到无积水、无黑臭、无垃圾，有排水措施。

（2）生活垃圾与建筑垃圾要分别定点、分类堆放，严禁混放，并应及时采用相应容器清运出场。施工现场严禁焚烧各类废弃物。

（3）施工现场严禁随地大小便，发现有随地大小便现象要对责任人进行处罚。施工区、生活区有明确划分，设置标志牌，标牌上注明责任人姓名和管理范围。

（4）卫生区的平面图应按比例绘制，并注明责任区编号和负责人姓名。

（5）施工现场零散材料和垃圾要及时清理，垃圾临时堆放不得超过 3d。

（6）办公室内要天天打扫，保持整洁卫生，做到窗明地净、文具摆放整齐、制度上墙。

（7）施工现场的厕所，必须对墙面、水槽粘贴瓷砖，要有水冲设施；做到有顶、门窗齐全、通风采光；坚持天天打扫，每周消毒两次，消灭蝇蛆。

（8）施工现场必须设置开水桶（建议自带茶杯），公用杯子必须采取消毒措施，茶水桶必须有盖并加锁，专人管理。

（9）施工现场的卫生要定期进行检查和不定期进行抽查，发现问题，限期改正。

（10）施工现场应配备常用药及绷带、止血带、颈托、担架等急救器材。

2. 生活区卫生管理措施

1）宿舍卫生管理规定

（1）宿舍必须设置可开启的窗户，宿舍内的床铺不得超过 2 层，严禁使用通铺。室内净高不得小于 2.4m，通道宽度不得小于 0.9m，每间宿舍内居住人员不得超过 16 人。

（2）职工宿舍要有卫生管理制度，实行室长负责制，规定一周内每天卫生值日名单并张贴上墙，做到天天有人打扫。保持室内窗明地净，通风良好。

（3）职工宿舍铺上、铺下做到整洁有序，室内和宿舍四周保持干净，污水、污物和生活垃圾集中处理，及时外运。

（4）宿舍内保持清洁卫生，清扫出的垃圾倒在指定的垃圾桶内，并及时清理。

（5）生活废水处置应有污水池，经沉淀后排放市政管网。二楼以上临时生活设施一般也要有水源及水池，做到卫生区内无污水、无污物，废水不得乱倒乱流。

（6）夏季宿舍应有防暑和防蚊虫叮咬措施。

（7）宿舍内一律禁止使用电炉及其他用电加热器具。不得随意增大照明用电量。

2）办公室卫生管理规定

（1）办公室的卫生由办公室全体人员轮流值班，负责打扫，排出值班表。

（2）值班人员负责打扫卫生、打水，做好来访记录，整理文具。文具应摆放整齐，做到窗明地净，无蝇、无鼠。

（3）办公人员在工作时间内禁止吃各种零食，各类零食不得在办公室内存放过夜。

（4）办公室内一律禁止使用电炉及其他电加热器具。

3）食堂卫生管理规定

（1）工地设立食堂应远离厕所、垃圾投放点、有毒有害场所等污染源。

（2）工地食堂必须有当地卫生防疫部门发放的《卫生许可证》，炊事人员必须持身体健康证上岗。《卫生许可证》和炊事人员健康证应张贴在食堂醒目处。

（3）根据《食品卫生法》规定，依照食堂规模的大小、入伙人数的多少，应当有相应的食品原料处理、加工、贮存等场所及必要的上、下水等卫生设施。要做到防尘、防蝇，与污染源（污水沟、厕所、垃圾箱等）应保持 30m 以上的距离。食堂内外每天做到清洗打扫，并保持内外环境的整洁。

① 食品卫生

A. 采购运输

a. 采购外地食品应向供货单位索取县以上食品卫生监督机构开具的检验合格证或检

验单。必要时可请当地食品卫生监督机构进行复验。

b. 采购食品使用的车辆、容器要清洁卫生，做到生熟分开，防尘、防蝇、防雨、防晒。

c. 不得采购制售腐败变质、霉变、生虫、有异味或《食品卫生法》规定禁止生产经营的食品。

B. 贮存、保管

a. 根据《食品卫生法》的规定，食品不得接触有毒物、不洁物。要建立健全管理制度，严禁有毒物与食物同库存放。

b. 贮存食品要隔墙、离地 20cm，注意做到通风、防潮、防虫、防鼠。食堂内必须设置合格的密封熟食间，有条件的单位应设冷藏设备。主副食品、原料、半成品、成品要分开存放。

c. 盛放酱油、盐等副食调料要做到容器物见本色，加盖离地 20cm 存放，清洁卫生。

d. 禁止用铝制品、非食用性塑料制品盛放熟菜。

C. 制售过程的卫生

a. 制作食品的原料要新鲜、卫生，做到不用、不卖腐败变质的食品，各种食品要烧熟煮透，以免发生食物中毒的情况。

b. 制售过程所用刀、墩、案板、盆、碗及其他盛器、筐、水池子、抹布和冰箱等要严格做到消毒、生熟分开，售饭菜时要用专用器具夹送直接入口食品。

c. 未经过卫生监督管理部门批准，工地食堂禁止供应生吃凉拌菜，以防止肠道传染疾病。剩饭菜要回锅彻底加热再食用，一旦发现变质，不得食用。

d. 共用餐具要洗净消毒，应有上下水洗手和餐具洗涤设备。

e. 使用的餐券必须每天消毒，防止交叉污染。

f. 盛放丢弃食物的桶（缸）必须有盖，并及时清运。

② 炊管人员卫生

A. 凡在岗位上的炊管人员，必须持有所在地区卫生防疫部门办理的健康证和岗位培训合格证，并且每年进行一次体检。

B. 凡患有痢疾、肝炎、伤寒、活动性肺结核、渗出性皮肤病以及其他有碍食品卫生的疾病，不得参加接触直接入口食品的制售及食品洗涤工作。

C. 无健康证的炊管人员不准上岗，否则予以经济处罚，责令关闭食堂，并追究有关领导的责任。

D. 炊管人员操作时必须穿戴好工作服、发帽和口罩，做到"三白"（白衣、白帽、白口罩）；同时，做到文明操作，不赤背，不光脚，禁止随地吐痰。

E. 炊管人员必须做好个人卫生，要坚持做到四勤（勤理发、勤洗澡、勤换衣、勤剪指甲）；工作时间不抽烟。

③ 集体食堂发放《卫生许可证》验收标准

A. 新建、改建、扩建的集体食堂，在选址和设计时应符合卫生要求，远离有毒有害场所，30m 内不得有露天坑式厕所、暴露垃圾堆（站）和粪堆畜圈等污染源。

B. 需有与进餐人数相适应的餐厅、制作间和原料库等辅助用房。餐厅和制作间（含库房）建筑面积比例一般应为 1∶1.5。其地面和墙裙，要使用防鼠、防潮和便于洗刷的水泥等建筑材料。有条件的食堂，制作间灶台及其周围要镶嵌白瓷砖，炉灶应有通风排烟设备。

C. 制作间应分为主食间、副食间、烧火间，有条件的可开设生料间、择菜间、炒菜间、冷荤间、面点间。做到生与熟，原料与成品、半成品，食品与杂物、毒物（亚硝酸盐、农药、化肥等）严格分开。冷荤间应具备"五专"（专人、专室、专用容器具、专消毒、专冷藏）。

D. 主、副食应分开存放。易腐食品应有冷藏设备（冷藏库或冰箱）。

E. 食品加工机械、用具、炊具、容器应有防蝇、防尘设备。用具、容器和食用苫布（棉被）要有生、熟及反、正面标记，防止食品污染。

F. 采购运输要有专用食品容器及专用车。

G. 食堂应有相应的更衣、消毒、盥洗、采光、照明、通风和防蝇、防尘设备，以及通畅的上下水管道。

H. 餐厅应设有洗碗池、残渣桶和洗手设备；下水道铺设防鼠网。

I. 公用餐具应有专用洗刷、消毒和存放设备。

J. 食堂炊管人员（包括合同工、临时工）必须按有关规定进行健康检查和卫生知识培训并取得健康合格证和培训证。

K. 具有健全的卫生管理制度。单位领导要负责食堂管理工作，并将提高食品卫生质量、预防食物中毒，列入岗位责任制的考核评奖条件中。

L. 集体食堂要根据《食品卫生法》有关规定和本地颁发的《饮食行业（集体食堂）食品卫生管理标准和要求》及《建筑工地食堂卫生管理标准和要求》，进行经常性食品卫生管理检查工作。

④ 职工饮水卫生规定

施工现场应供应开水，饮水器具要卫生。夏季要确保施工现场的凉开水或清凉饮料供应，暑伏天可增加绿豆汤，防止中暑脱水现象发生。

4）厕所卫生管理规定

（1）施工现场要按规定设置厕所。厕所的设置要离食堂15m以外，屋顶墙壁要严密，门窗齐全有效，便槽内必须铺设瓷砖。

（2）厕所要有专人管理，应有化粪池，严禁将粪便直接排入下水道或河流沟渠中，露天粪池必须加盖。

（3）厕所定期清扫制度。厕所有专人天天冲洗打扫，做到无积垢、垃圾及明显臭味，并应有洗手装置，工地厕所要有水冲设施，保持厕所清洁卫生。

（4）厕所灭蝇蛆措施。厕所按规定采取冲水或加盖措施，定期打药或撒白灰粉消毒，消灭蝇蛆。

16.3.2 临时设施注意事项

1. 施工现场应设置办公室、宿舍、食堂、厕所、淋浴间、开水房、民工学校、文体活动室、密闭式垃圾站（或容器）及盥洗、消防等临时设施。临时设施所用建筑材料应符合环保、消防要求。

2. 办公区和生活区应设围墙隔离，并设立警卫室。

3. 办公室内布局应合理，文件资料宜归类存放，并应保持室内清洁卫生。

4.宿舍内应设置生活用品专柜,有条件的宿舍宜设置生活用品储藏室。夏季高温时,应有防暑降温设施(风扇、空调等)。

5.宿舍内应设置鞋柜或鞋架,室外应有垃圾桶,生活区内应提供为作业人员晾晒衣物的场地。

6.食堂应设置在远离厕所、垃圾站、有毒有害场所等污染源15m的地方。

7.食堂应设置独立的制作间、储藏间,门扇下方应设不低于0.2m的防鼠挡板。制作间灶台及其周边应贴瓷砖,所贴瓷砖高度不宜小于1.5m,地面应做硬化和防滑处理。粮食、蔬菜、烹调用料存放台距墙和地面应大于0.2m。

8.食堂应配备必要的排风设施和冷藏设施。

9.食堂的燃气罐应单独设置存放间,存放间应通风良好并严禁存放其他物品。

10.食堂制作间的炊具宜存放在封闭的橱柜内,刀、盆、案板等炊具应生熟分开。食品应有遮盖,遮盖物品应有正反面标识。各种佐料和副食应存放在密闭器皿内,并应有标识。

11.食堂外应设置密闭式泔水桶,并应及时清运。

12.施工现场应设置水冲式或移动式厕所,厕所地面应硬化,门窗应齐全。蹲位之间宜设置隔板,隔板高度不宜低于0.9m。

13.厕所大小应根据作业人员的数量设置。厕所应设专人负责清扫、消毒,化粪池应及时清掏。

14.淋浴间内应设置满足需要的淋浴喷头,可设置储衣柜或挂衣架,且门内应设遮栏板。

15.盥洗间应设置满足作业人员使用的盥洗池,并应使用节水龙头。

16.生活区应设置专用开水炉、电热水器或饮用水保温桶;施工区应配备流动保温水桶。

17.民工学校和文体活动室应配备电视机、书报、杂志等文体活动设施、用品。

16.3.3　卫生与防疫

1.施工现场应设专职或兼职保洁员,负责卫生清扫和保洁。

2.办公区和生活区应采取灭鼠、蚊、蝇、蟑螂等措施,并应定期投放和喷洒药物。

3.食堂必须有卫生许可证,炊事人员必须持身体健康证上岗。

4.炊事人员上岗应穿戴洁净的工作服、工作帽和口罩,并应保持个人卫生。不得穿工作服出食堂,非炊事人员不得随意进入制作间。

5.食堂的炊具、餐具和公用饮水器具每天必须清洗消毒。

6.施工现场应加强食品、原料的进货管理,食堂严禁出售变质食品。

7.施工现场作业人员发生法定传染病、食物中毒或急性职业中毒时,必须在2小时内向施工现场所在地建设行政主管部门和卫生防疫部门报告,并应积极配合调查处理。

8.现场施工人员患有法定传染病时,应及时进行隔离,并报卫生防疫部门进行处置。

16.4　施工现场的治安保卫

1. 施工单位必须建立健全综合治理组织机构、施工现场治安保卫制度和治安防范措施，明确落实治安管理责任人，签订治安管理责任书，责任分解到人。防止发生各类治安案件，加强对工地、财务、库房、办公室、宿舍、食堂等易发案件区域的管理，落实防盗措施。

2. 施工现场应建立务工人员档案，及时办理暂住登记。非本工程施工人员不得擅自在施工现场留宿。

3. 施工现场应建立流动人口计划生育管理制度，开工前应按规定签订计划生育协议。

4. 施工单位应加强对职工法律知识、治安保卫知识的培训教育。施工人员应遵守职业道德和社会公德。严禁赌博、酗酒、盗窃、吸毒、打架斗殴、男女混居和传播淫秽物品等违纪违法行为。对各类违法犯罪行为应当及时制止，并报告公安机关。

5. 施工现场要有安全生产宣传栏、黑板报。

参 考 文 献

1. 陆荣根. 安全员[M]. 北京：中国建筑工业出版社，2009.
2. 王景春，等. 土木工程施工安全技术[M]. 北京：中国建筑工业出版社，2012.
3. 王云江. 市政工程施工安全管理[M]. 北京：中国建筑工业出版社，2014.
4. 王云江. 建筑工程施工安全技术[M]. 北京：中国建筑工业出版社，2015.